My oven ceramics

手造食器

用烤箱制作的黏土小物件

[日]岩仓庆子/著

马浩然/译

中国纺织出版社有限公司

做手工的特别时光

在这本书中，除了日常用品外，还收录了很多可以提高生活质量的小物，可以用它们装饰房间墙壁或摆在桌子、茶几等地方。我使用的材料——yako品牌的“烤箱用黏土”具有烧成后硬度强、比陶器轻、手感温柔且有温度等特点。在本书中，我会介绍利用这些特点来制作小物的方法。

这本书中介绍的塑形和修饰技巧会难一些，不过，越是费心思的制作工序越能在多次尝试后享受到新的收获和发现，所以请尝试多做一些作品。本书中也介绍了陶艺专用的工具，比如“（黏土用）转盘”不仅可以用来制作杯子或碗形状的东西，还可以在进行浮雕或刮除时，用来确认作品的整体情况。另外，虽然用修坯刀削黏土的过程看上去很辛苦，但是可以让人回归童心、心神陶醉。我希望大家也可以通过使用工具来获取更多的乐趣，所以书中介绍了很多工具的使用技法。

不论国家、不论年代，手工制作的东西总是随着我们的生活不断发展，它们具备实用性的同时也蕴含着文化元素。我作为“atelier antenna”的一员制作陶器小物已经有12年了，在这期间，我通过作品接触到了各种各样的文化，并受到了很多熏陶。我喜欢上了古董、二手物品等可以感受到历史积淀的东西。这一定是因为，即使我身处不断涌现新事物的环境中，也可以从古旧品中感受到对时光的爱戴吧。

正是出于这样的想法，我在这本书中介绍的小物都带有怀旧气息。雕刻黏土或用颜料上色、绘制图案等制作过程和最终成品中都会有很多有趣的元素，希望大家可以自己动手制作，并在日常生活中使用它们。希望这本书可以给大家带来制作陶器小物的乐趣。

岩仓庆子

目录
Contents

制作方法
▼

01 ~ 05

盘子

在颜色朴素的盘子上放一点饼干或糖果，温馨的下午茶时间到了。

制作方法_p.50

01

02

03

04

05

削掉花朵周围的黏土，做出像版画一样的有温度的盘子。

绘制很多达拉木马，制作出北欧风的盘子。加上专用金属配件挂在墙上，可以成为家中点缀。

可爱的小花，徒手绘制的图案看上去更柔和。

07
06

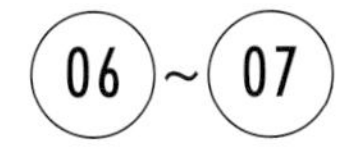

玛格丽特花图案器皿

有古董质感的复古器皿。放在桌子上就像是一幅画。

制作方法_p.52

用自己很喜欢的玻璃容器来塑形，就可以做出一个喜爱的器皿。用这个手法可以做出多个一样的器皿。

08~09

笔筒

温暖的小花图案的笔筒。利用丙烯颜料，享受色彩的碰撞。

制作方法_p.54

可以根据用途来改变尺寸，做成不同的储物罐。用来收纳桌子上零碎的东西，实用又可爱。

10~14

房子摆件

不同样式的房子小摆件。将多款组合起来进行修饰，可以营造快乐的空间。

制作方法_p.56

像是童话故事里会出现的小房子。只是看着它就能心情愉悦。

可以用来摆放明信片或留言纸，是令人心情舒缓的小物件。

长屋风的摆件可以用作刀叉托。朴素的设计会让它快速融入生活。

15 ~ 17

刀叉托

用饼干模具制作的刀叉托，非常可爱。给自己满意的作品加上可爱的包装，它就变成有魅力的礼物了。

制作方法_p.58

黏土烧成后会呈现朴素的质感，稍加装饰让小物看上去很像饼干。摆在桌子上可以营造愉快的氛围。

18~19

大丽花图案圆盘

可以用同样的设计做出不同感觉的盘子。根据使用的黏土颜色或烧制后的修饰方法不同，做出的盘子可以温柔，也可以像雕塑一样凌厉。

制作方法_p.60

19

20
21
24
25

22

23

26

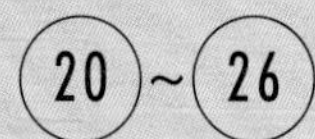

小碟子

小碟子可以用来放置首饰或做墙壁挂饰。
用自己喜欢的花纹做很多小碟子吧！

制作方法_p.62

27~28

带盖储物罐

样子可爱的带盖储物罐。
把手也可以设计得很别致。

制作方法_p.64

可以用来装一些糖果或小物。
自己制作的东西更容易有感情，
用起来也会加倍开心。

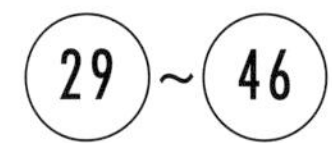

胸针

用胸针给单调的衣服加点料。戴在书包或帽子上也会很可爱。

制作方法_p.66

自然题材的东西可以让人放松心情。可以制作同款不同色的作品，或者将多个胸针组合佩戴都会很不错。

47 ~ 50

茶杯&茶碗

圆圆的、温柔的茶杯和茶碗。用转盘就能做出漂亮的形状。

制作方法_p.68

白色的茶杯可以衬得茶水颜色格外漂亮。杯底高一点，会显得正式一点。用花草茶招待朋友吧。

运用红色黏土自身的颜色制作小花图案的茶碗。很适合装扣子等小物。

条纹的灵感来自法国的咖啡欧蕾杯。可以用来盛放一些零食或干果。

51 ~ 56

墙壁挂饰

将花朵、树木或小鸟题材的盘子装饰在墙上，可以让整个空间变得温柔。

制作方法_p.70

可以在作品上打个洞、挂一根纸绳，也可以固定一个专门的金属钩。找到合适的地方，将多个盘子组合起来装饰，就是富有故事的墙壁了。

VICTOR
LA LÉGENDE
DES SIÈCLES

制作手工的时间是温柔又宝贵的。

在日常生活中使用自己制作的东西，
会是很特别的体验。

照片是实物大小

基础教程

接下来，介绍制作书中作品需要的基本工具和制作方法。
请先看一看需要的材料和制作方法再开始进行创作。
烤箱用黏土很有可能会粘在衣服上，
所以为了能够集中注意力，
请穿不怕脏的衣服干活。

基础的材料和工具

下面介绍利用烤箱用黏土制作杂货时需要的工具。
只要开动脑筋，身边的东西都可以用来修饰作品。

❶ 用来塑形的材料和工具

黏土

烤箱用黏土。后面会根据作品区分使用“黑木节”“红陶”“手工用”3种黏土。

黏土垫板

对黏土进行塑形时，用来垫在下面的板子。板子表面不能有凹凸不平的部分，所以尽量准备专门的板子吧。

水桶

在抚平作品时，搭配海绵或毛笔一起使用。用丙烯颜料上色时也会用到。

转盘

制作咖啡欧蕾杯等比较深的容器时，使用转盘可以使容器壁的厚度均匀。

木板条

制作厚度均匀的泥板时，用于辅助的工具。将两根木板条平行放置，然后用压泥棒延展放在上面的黏土。

压泥棒

用来延展黏土的工具。与木板条配合使用。可以用擀面杖来代替。

用来塑形的容器或瓶子

压纹（p.37）或制作筒状的作品时使用。果酱的空瓶等容器都可以拿来用，使用自己喜欢的容器吧。

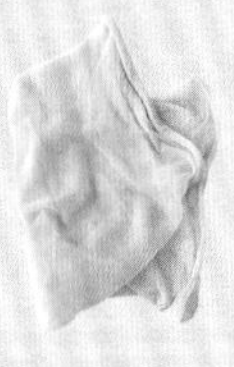

淘汰的丝袜

用玻璃或不锈钢材质的东西作模具时，套上有伸缩性的丝袜有助于分离模具和黏土。

厚纸板

将纸板剪成需要的大小的圆形，用作盘子、胸针或墙饰的纸样。

细节针&抹刀

细节针是用来切割泥板的工具。抹刀是用来调整黏土形状或制作图案的工具。

海绵

抚平黏土的切口时会使用海绵。用吸了水的海绵轻轻地抚平黏土。

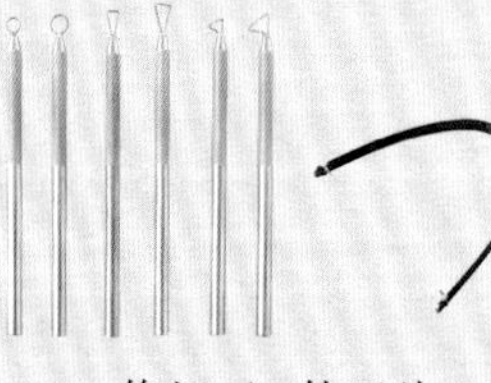

修坯刀&软刀片

用来削掉黏土或塑形的工具。修坯刀的种类有很多，最好拥有一套，然后根据要削的地方区分使用。

饼干模具

制作刀叉托时使用的工具。用现成的饼干模具就可以制作各种各样的形状。

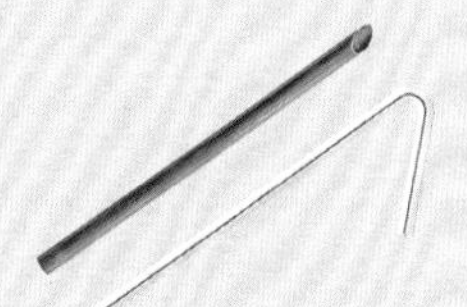

打孔器或吸管

给黏土打孔时使用的工具。在比较厚的黏土上打孔时，请使用陶艺打孔器。

黏土抹刀

调整黏土形状或将两块黏土的衔接部分抚平时使用的道具。

细毛笔

用来抚平黏土上海绵和手指都够不到的切口等地方。

❷ 用来制作花纹的工具

拓写纸

拓图时使用的纸。把拓写纸放在想使用的图案上，用铅笔描画下来。

竹签

直接在黏土上绘制图案或把拓印纸上的图案转移到黏土上时使用。

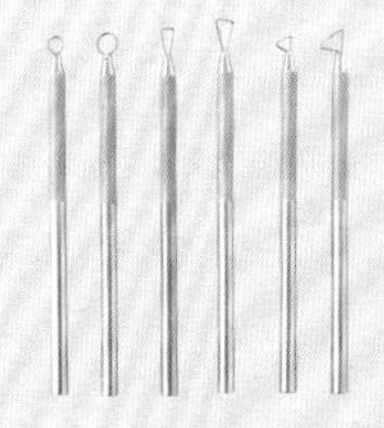

修坯刀

利用修坯刀修整有棱角的部分，在雕刻图案上的线条或铲除周边黏土时使用。

印章

橡胶印章可以将花瓣或小鸟的身体等部位修饰得很可爱。

手工用刮勺

制作细小的花纹时使用的工具。利用两边的勺子和抹刀来制作花纹。

塑料勺子

冰激凌自带的勺子也可以用作工具。根据勺子的形状不同，有多种用途。

木质晾衣夹

将木质的晾衣夹拆开使用。除此之外身边还有很多东西可以用来制作图案。

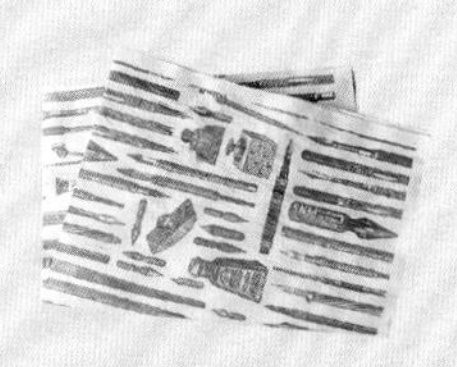

报纸

用黏土制作作品时记得垫上报纸，防止弄脏桌子和地板。

❸ 用来上色的材料和工具

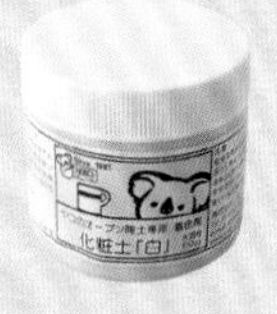

化妆土（白色）

制作白色的作品或绘制白色花纹时使用。化妆土要用在黏土晾干之前。

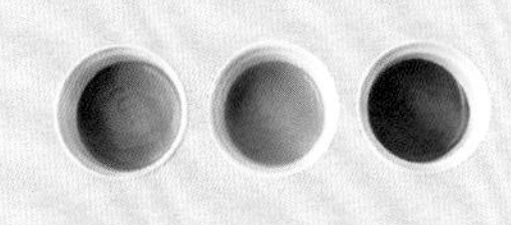

泥浆（黏合溶剂）

用水稀释的糊状黏土。用来给作品上色或将两块黏土粘在一起。

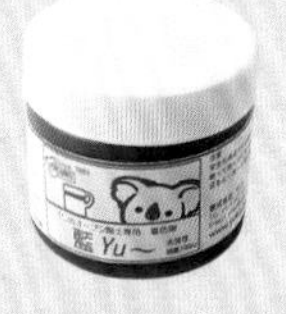

着色剂*（蓝 Yu~）

用于给作品上色。可以将黏土染成蓝色。涂上着色剂后，要用100~120℃的烤箱烧制20分钟左右。

丙烯颜料*

制作彩色的作品时，用丙烯颜料绘制图案或上色。制作食器时要避免使用。

调色纸

丙烯颜料干了之后会很难弄掉，所以用一次性的调色纸比较方便。

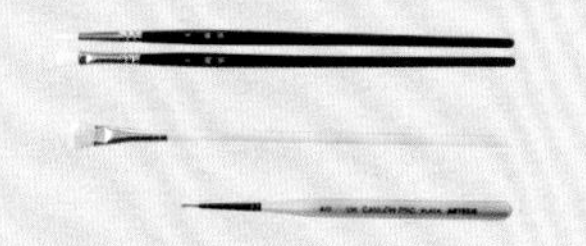

毛笔

用于绘制图案或给作品上色。绘制图案时使用很细的毛笔，上色时使用平头尼龙毛的笔，而在化妆土上上色要使用软毛的笔。

❹ 用于烧制的工具

烤箱

可以将温度设置成180℃的家庭用烤箱。电烤箱和燃气烤箱都可以。

铝箔纸

将铝箔纸铺在烤箱托盘上，再放置塑好形的黏土进行烧制。

❺ 用于收尾工作的材料和工具

封层剂*（Yu~）

制作餐具时使用，可以防水防油。涂在烧成后的作品上，再用100~120℃的烤箱烧制20分钟左右。

水溶性上光油
（透明、棕色）

用于给作品增添光泽或着色的材料。注意只能用在贴身佩戴的胸针和餐具之外的作品上。

绳子、金属配件、
胸针别针

根据作品的不同用途而区分使用。绳子和金属配件用于墙壁挂饰，而胸针别针要粘在胸针的背面使用。

黏合剂

用于将金属配件粘到胸针或装饰品上。使用手工用黏合剂。

※蘸了封层剂（Yu~）、着色剂（蓝 Yu~）或丙烯颜料的毛笔干了之后会变硬，所以用完后需要立刻清洗。

烤箱用黏土的使用方法

学习制作流程和塑形技巧后，
动手制作器皿、装饰品、胸针等各种杂货吧！

基本流程

塑形

运用各种手法，徒手或使用工具给黏土塑形。仔细地抚平棱角进行调整，这样就可以制作出非常漂亮的作品。

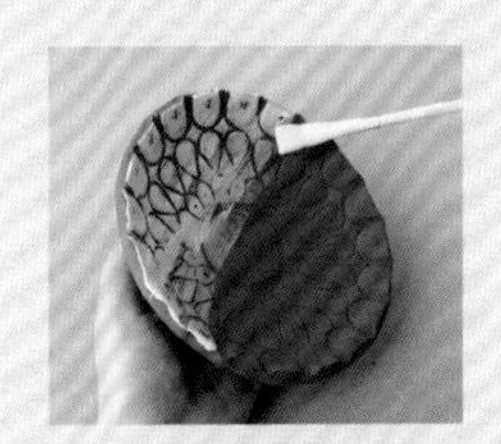

修饰

用化妆土或泥浆绘制图案或进行上色。用丙烯颜料绘制图案，或用着色剂和封层剂修饰作品等操作要在黏土烧成后进行。

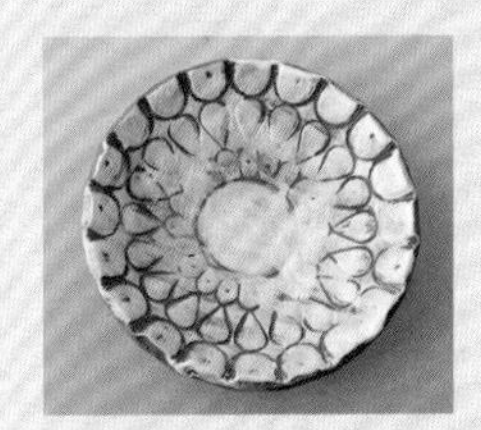

晾干

将成形的黏土放在通风处，充分晾晒3~8*天。如果黏土没有干透，会在烧制后出现裂纹。

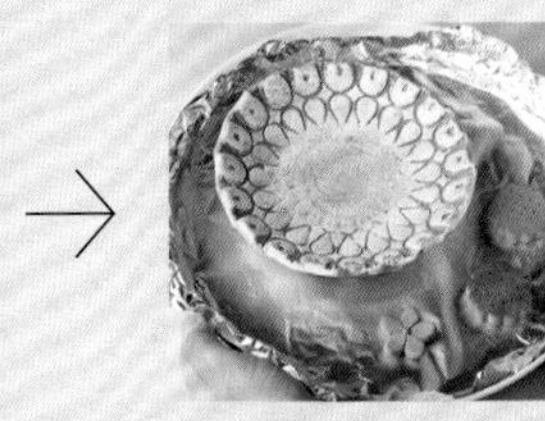

烧制

用预热到160~180℃的烤箱烧制30~40分钟。烧制的时间和温度要根据作品的造型和大小进行调整。

※湿度较大的夏天需要晾晒较长的时间才能干透，而湿度较小的冬天很快就能晾干。

关于烤箱用黏土

■ 作品中使用的黏土：yako品牌的“烤箱用黏土”

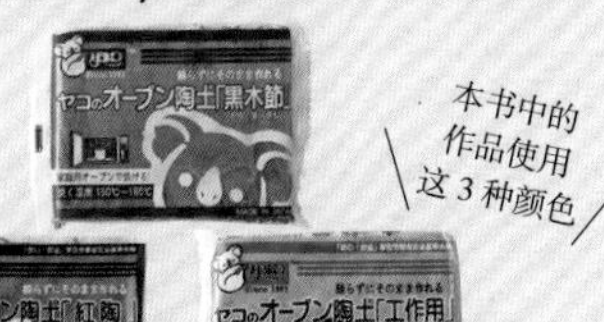

本书中的作品使用这3种颜色

可以用低于180℃的低温烧制的黏土，烧制出来的作品质感与真正的陶器十分相似。

〈 烧成颜色 〉

［红陶］ ［黑木节］ ［手工用］（普通款）

要点

- □ 混入空气的黏土在烧制时容易裂开，因此从包装袋中拿出来后不要揉开，要直接使用。
- □ 烧制后的黏土会收紧，作品的体积会稍微变小，因此塑形时注意要比自己想要的大小做得稍微大一点。
- □ 如果要制作餐具，那么在烧成后涂上封层剂（Yu~）后再次烧制，可以制作出防水防油的作品。

储存方法

剩下的黏土要用保鲜膜包裹严实，隔离空气，然后装进密封容器或塑料袋里保存。如果再次使用时黏土变硬了，可以将它过一下水，然后包裹在毛巾里等它变软。

用保鲜膜包裹严实

制作泥板

本书中介绍的大部分杂货都是从“泥板”开始制作的。
这是用烤箱用黏土制作杂货的最基础的工作。

泥板的制作和塑形

为了方便塑形而被擀成薄片的黏土称为“泥板”。
泥板的大小和厚度取决于要制作的作品大小。

开始 →

①
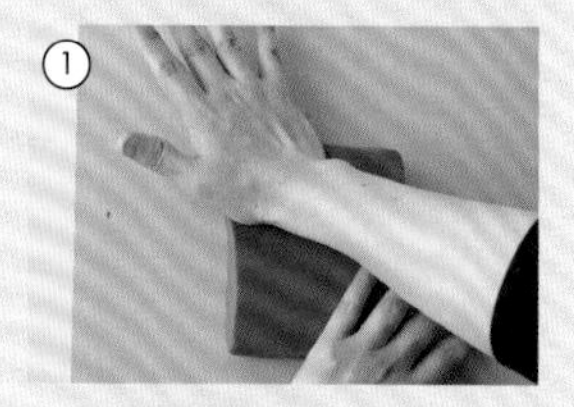

将黏土放在黏土垫板上，用一只手固定黏土，用另一只手的手掌延展黏土。

②
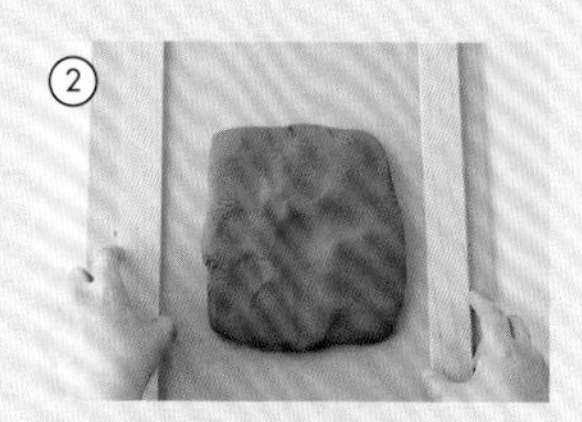

将木板条放在黏土两边。木板条的厚度与要制作的作品厚度一样。

③
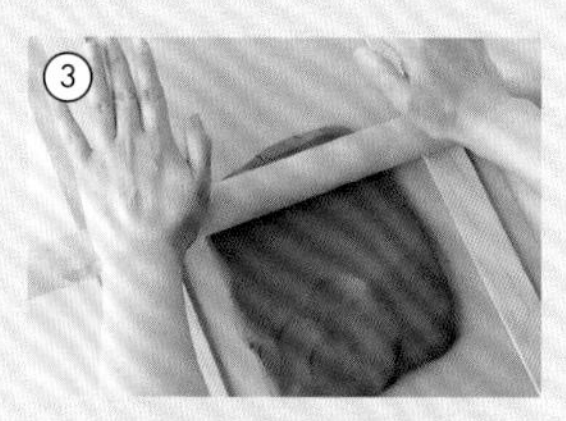

将压泥棒放在木板条上前后滚动，延展黏土。这样就可以制作出厚度均匀的黏土了。

④

这样泥板就做好了。泥板大小请根据作品大小进行调节。

⑤
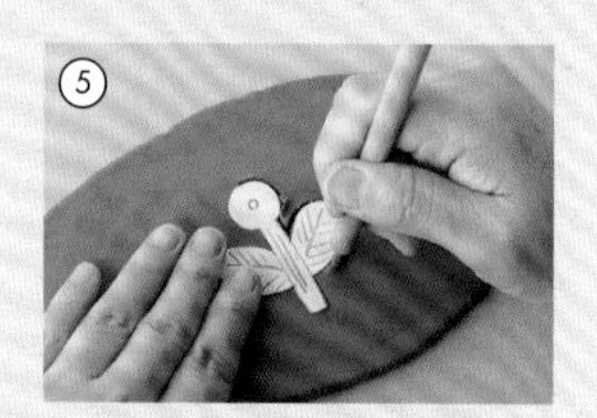

将纸样放在泥板上，按照纸样，用细节针垂直切割黏土。要固定好纸样，小心不要让它移动。

⑥
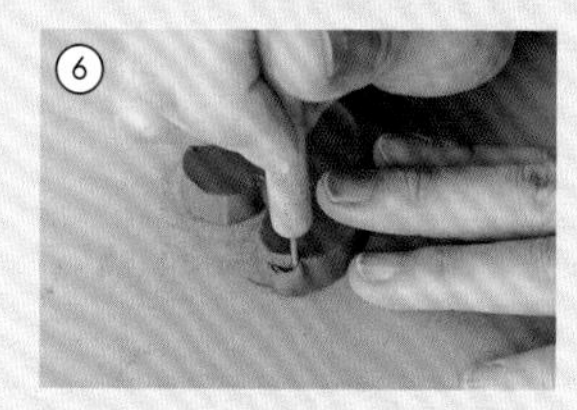

不平整的切口要用细节针慢慢切割，进行调整。

⑦
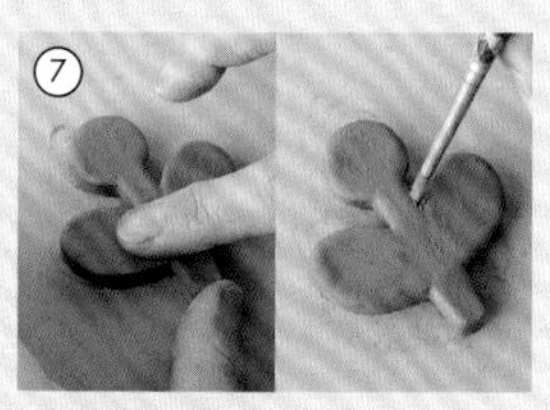

用沾了水的手指或海绵，细小的部分用毛笔，抚平切口。这一步对最后成品的好坏影响很大，所以一定要细心。

使用泥板的技巧

抬起边缘 ／ 将边缘抬起来，让坯子看上去更像盘子的技巧。

开始 →

①

用厚纸板制作出自己喜欢的大小的圆形后，放在泥板上进行切割。然后用细节针来调整凹凸不平的切口。

②

放置30分钟左右，等待水分蒸发。然后用手指将边缘捏起来。

③

用吸了水的海绵抚平作品边缘的黏土。要将黏土表面尽量调整得平整一些。

压纹 / 利用带有喜欢的花纹的餐具制作器皿的方法

开始 →

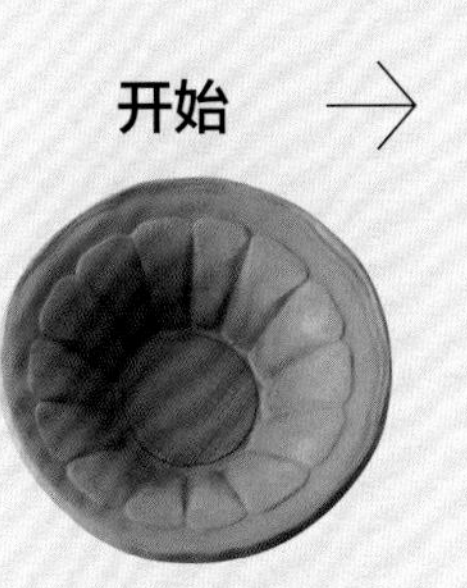

①

制作一个圆形纸板。纸板直径要比用作原型的碗的直径大2cm。将纸板放在泥板上，然后按照纸板切割黏土。

②切口上凹凸不平的部分用细节针调整。然后用吸了水的海绵擦拭整体、抚平黏土。

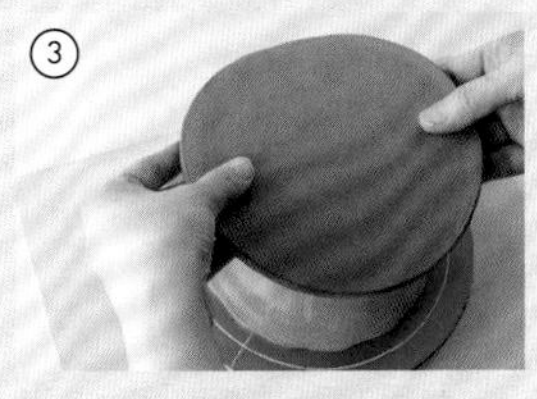

③将用丝袜包裹好的碗倒扣在转盘上，再把泥板放在上面。注意要将碗和泥板的中心对齐。

④用双手包裹着泥板进行按压，将碗的花纹印在黏土上。一边转动转盘，一边均匀地按压黏土。

⑤用吸了水的海绵将整体抚平。如果表面出现裂纹，就用海绵擦拭，进行修复。

⑥将在步骤⑤做好的黏土放于手心。轻轻地拿掉碗，小心不要破坏黏土的形状。

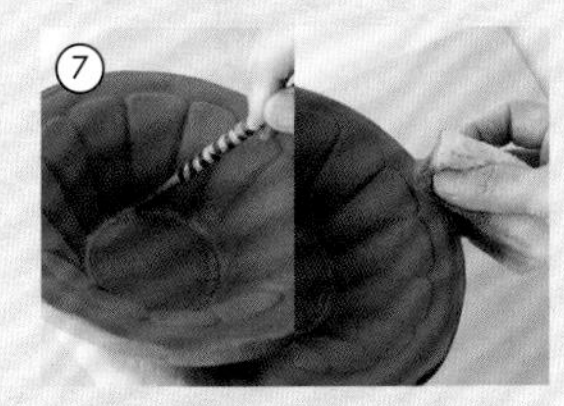

⑦用细毛笔和海绵来擦拭黏土内侧的底部和边缘，让这些部分摸上去有温柔的手感。

模具 / 利用模具的方法很简单，而且可以制作很多形状可爱的杂货。

开始 →

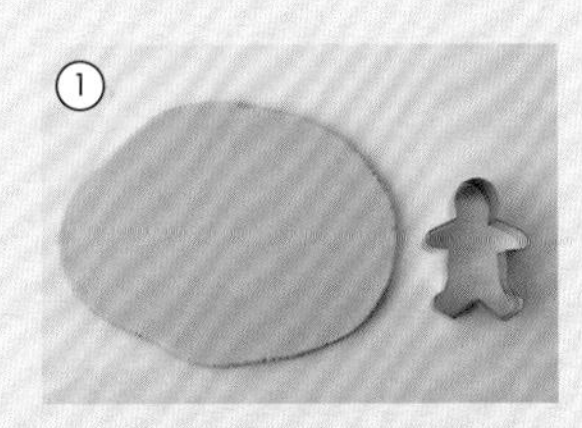

①准备好泥板和模具。将泥板放置30分钟，等它水分变少之后再用模具会更好操作。

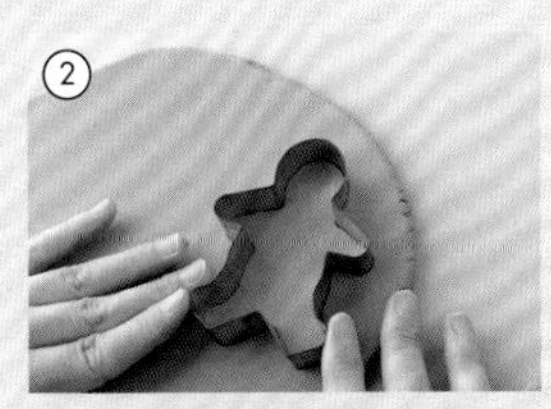

②将模具放在泥板上，用力按压。然后用细节针将切口弄平。

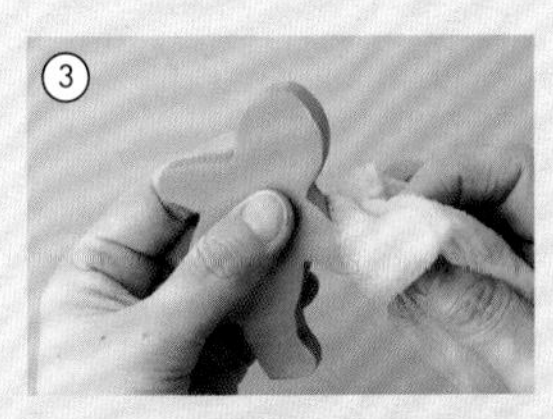

③用吸了水的海绵擦拭黏土的表面和切口，注意动作要轻，以免破坏形状。

制作筒状

制作筒状黏土的过程中需要用到身边的瓶子。

开始 →

① 准备好利用长方形的纸板切割的泥板、瓶子和丝袜。

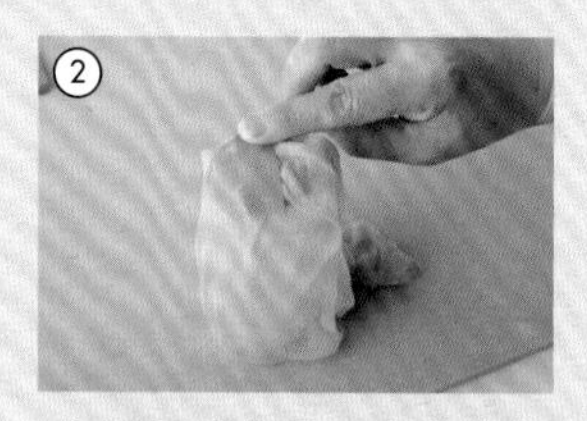

② 将丝袜套在瓶子上，用美纹胶带固定在瓶底的部分。抻直丝袜，将多余部分塞进瓶子里。

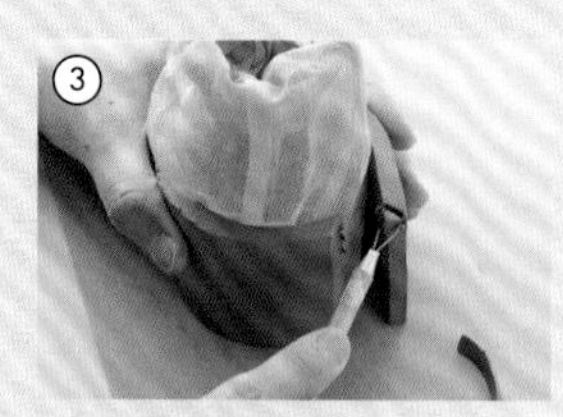

③ 将黏土环绕在瓶子上，切掉多余的部分。为了让黏土的两边完美重合，用修坯刀将边缘的前端削成斜面。

④ 在涂泥浆之前，用细节针或竹签在切口处划出口子。这样泥浆就会渗进去，便于粘合黏土。

⑤ 用与作品颜色相同的黏土制作泥浆。然后用毛笔将泥浆涂在切口上。

⑥ 涂好泥浆后，粘合切口，将泥板做成筒状。注意要让切成斜面的部分完美重合。

⑦ 用黏土抹刀仔细抹平黏土，要看不出重合的地方。

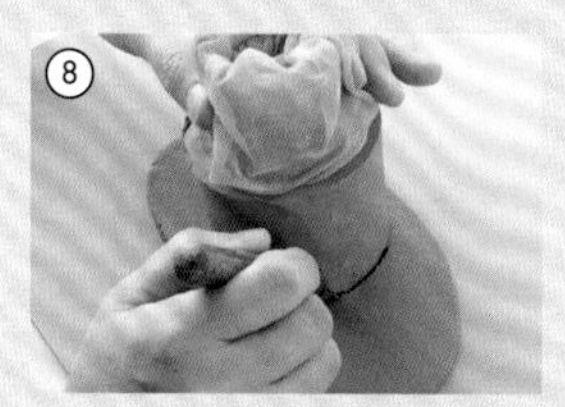

⑧ 再准备一张泥板，按照在步骤⑦制作好的筒的尺寸，制作底部。

⑨ 底部要做得厚一点，这样会比较结实。注意不要小于绕在瓶子上的筒的尺寸。

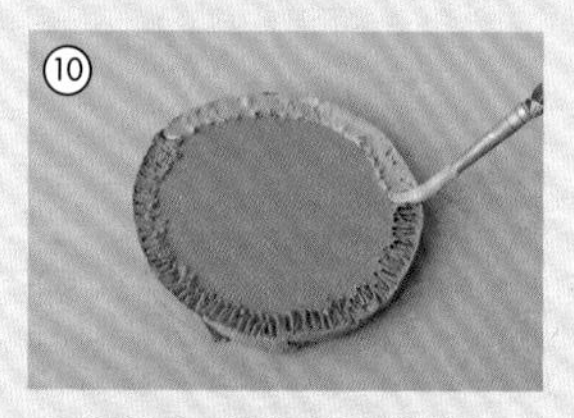

⑩ 如图所示，用细节针或竹签，在底部的边缘一圈上划出口子，再涂上相同颜色的泥浆。

⑪ 将在步骤⑦做好的筒放在步骤⑩做好的底部上，用手指抚平连接处。然后用黏土抹刀仔细抹平边缘凹凸的部分。

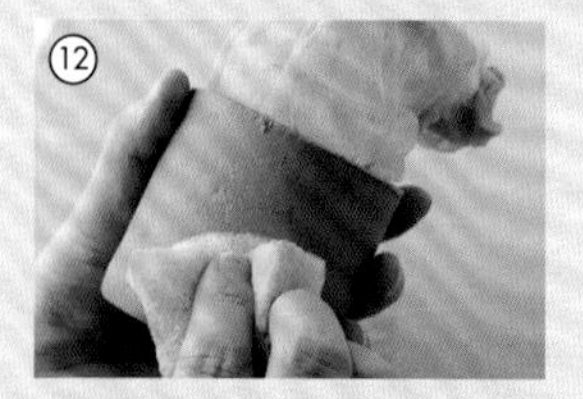

⑫ 用吸了水的海绵轻轻擦拭，抚平表面。如果有裂纹，就在这一步修复好。

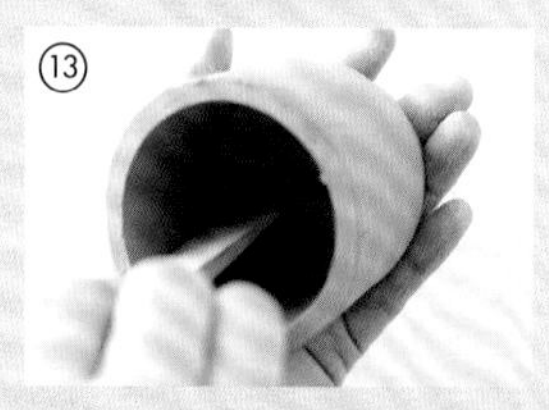

⑬ 拿走作为模具的玻璃瓶，用竹签或黏土抹刀将内侧底部的连接处抹平。注意不要用太大的力量，会破坏黏土形状。

⑭ 将泥浆涂抹在内侧的连接处，让它连接得更好。注意泥浆要涂抹均匀，否则会凹凸不平。

⑮ 用沾了水的手指夹住边缘转一圈，让边缘的棱角圆润一些。最后，用海绵将边缘调整光滑。

胸针、壁饰

利用纸样切出形状，再用身边的东西制作花纹。

开始 →

① 将纸样放在泥板上，用细节针切割黏土。细节针要垂直于黏土，而且注意不要让纸样挪动。

② 用细节针慢慢地切掉切口处突出的部分，调整切口。

③ 用手指或细毛笔抚平切口。手指够不到的地方就要用毛笔。

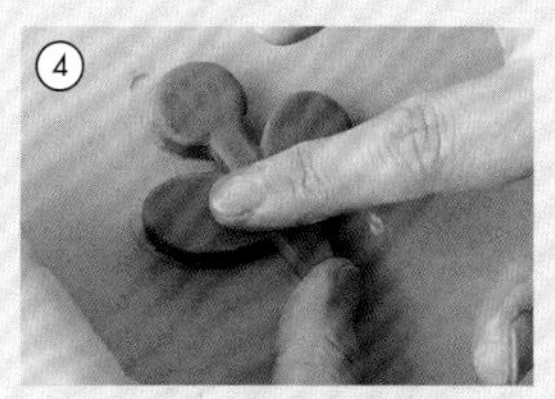

④ 用沾了水的手指将整体抚平。要将切口处的棱角弄圆润。这一步对作品最终的效果影响很大。

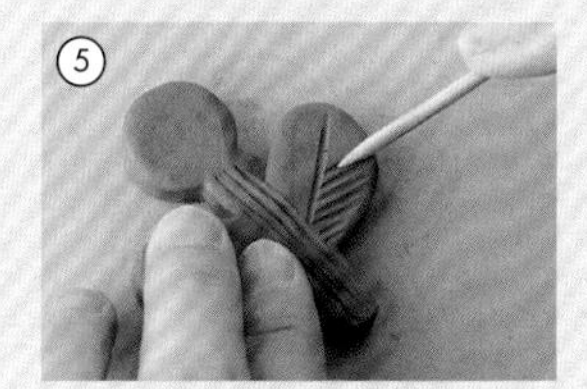

⑤ 用竹签绘制茎叶上的纹理。等间距的线会让作品更好看。

⑥ 用刮勺的勺子部分绘制花瓣。可以旋转黏土，以自己方便的角度绘制。

⑦ 用竹签在花的中心划个小口，用毛笔弄一点水到上面，然后将小球状的黏土粘在上面，做成花蕊。

墙壁挂饰上挂绳的处理方法

如果要做成墙壁挂饰，需要将挂绳的部分巧妙地隐藏起来。

开始 →

① 用竹签标记好要穿绳的部分后，用修坯刀在标记内侧削出厚5mm的长方形凹槽。

② 用蘸了水的毛笔抚平削掉的部分。要尽量去除削痕，这样可以让作品更好看。

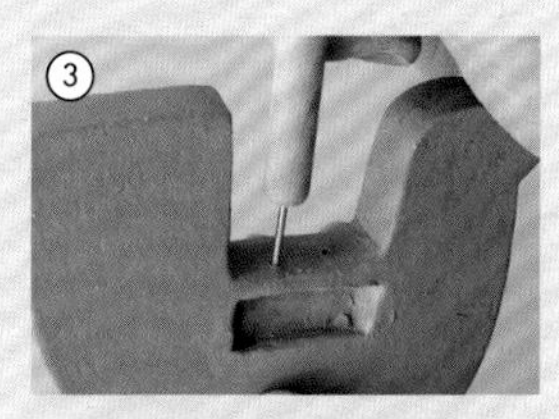

③ 旋转细节针，在穿绳的部分开两个大一点的孔，如图所示。这里是比较脆弱的部分，一定要小心翼翼地操作到最后。

制作球体

制作碗等有弧度的器皿时，使用“制作球体”的方法。
利用转盘有助于制作出厚度均匀、漂亮的器皿。

※制作底座的方法有两种，一种是削出底座，另一种是粘接底座。

削出底座的方法

做出碗的形状后，削掉多余的黏土做出底座的方法。这样做出来的碗会没有衔接的缝隙，更有整体感。

开始 →

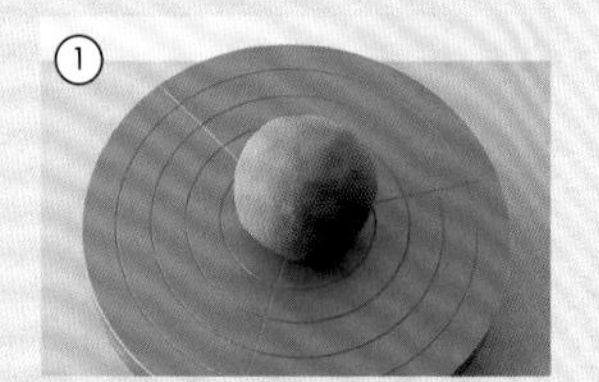

① 将黏土揉成球型后放在转盘的中央。揉黏土时，要边按压边揉，这样可以排除空气。

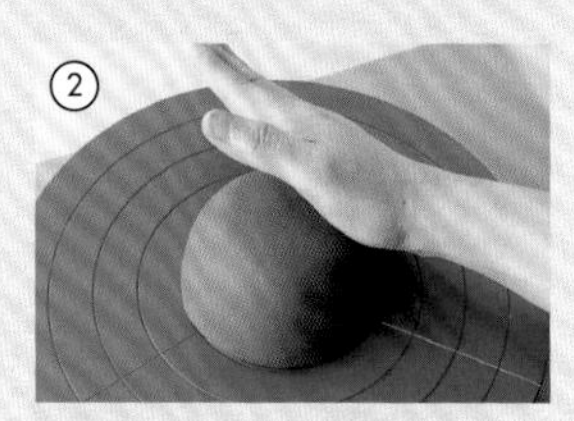

② 用手掌从两边向内部或从上向下拍打黏土，让黏土底部粘在转盘上。

③ 手指沾上水后，用大拇指在黏土中间开一个洞。洞的深度大概为黏土高度的三分之二。然后边转动转盘边扩大这个洞。

④ 用双手将碗壁的厚度调整均匀。这时不能将碗壁弄薄，将碗从底部往上拉。

⑤ 调整好形状后，将塑料勺子的背面抵在碗内，将碗壁往上提。同时还要将碗壁抚平。

⑥ 用一只手转动转盘，另一只手的手指夹住黏土，从碗底向碗口移动手指，抚平碗壁。

⑦ 用沾了水的手指或海绵，细节部分使用毛笔，抚平整体。这一步对最后成品的影响很大，所以一定要仔细。

⑧ 调整厚度会使边缘出现起伏。用软刀片将边缘切平。

⑨ 用海绵抚平边缘的切口。要重复几次，慢慢弄平。

⑩ 用手指将边缘弄得薄一些。将食指放在边缘处，转动转盘，让碗的边缘略微倾斜向外。

⑪ 完成塑形后，把风筝线按在转盘上，从外用力向靠近自己的方向拉。这样将黏土从转盘上分离。

放置1~2小时，将晾干的黏土翻过来后，用竹签在底座的位置画出内侧与外侧的2条线。转动转盘，用修坯刀将多余的角修成圆形，让它呈现碗状。

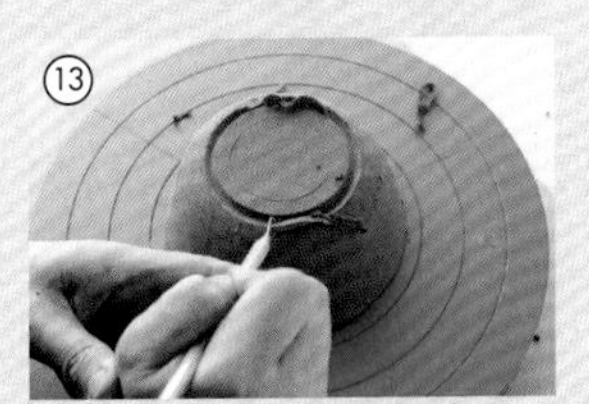

削掉底座的黏土，一直削到外圈的线外。然后利用修坯刀的角，沿着外侧的一圈线削掉黏土。这时要固定修坯刀，转动转盘。

沿着内侧的线也同样用修坯刀削掉一圈，再将其内侧的黏土都削掉，削平。要边削边用手指确定碗底的厚度，注意不要削得太深。

确认碗底是否平整，如果会晃动，就用修坯刀进行调整。

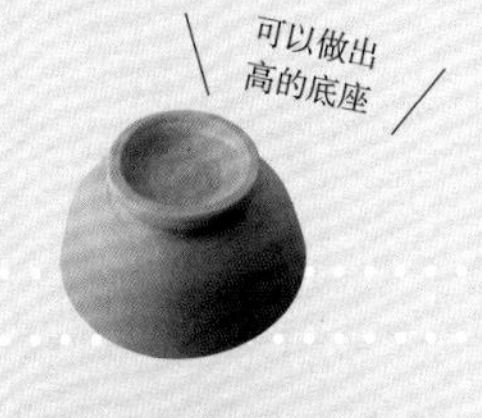

粘接底座的方法

想做高一点的底座时，可以采用粘接的方法。

完成削出底座的方法中的步骤①~⑫后，将黏土按照碗的形状削好，调整好形状。然后准备一根条状的黏土做底座。

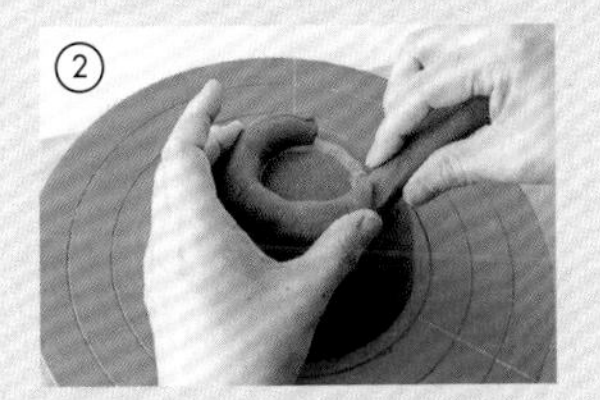

在碗上连接底座的位置用竹签划出口子，涂上泥浆。然后将条状的黏土粘在上面，这时要着重将条状黏土的外侧粘在碗状黏土上。

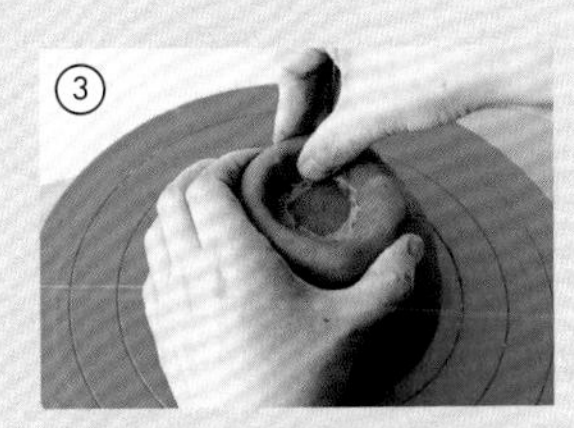

用大拇指将条状黏土和碗状黏土的连接处从上向下粘在一起。注意不要太用力而弄坏黏土的形状。

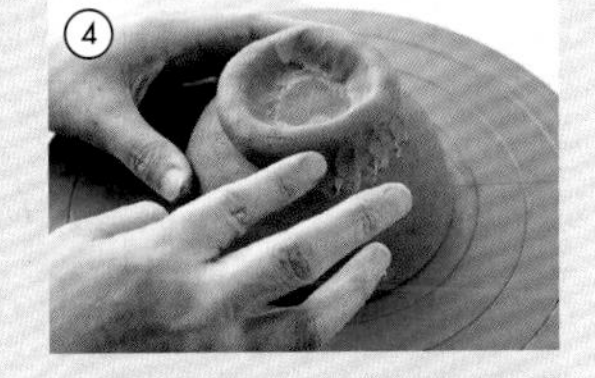

用同样的方法将外侧的连接处也固定住。边转动转盘，边细碎地移动手指，抚平连接的痕迹。

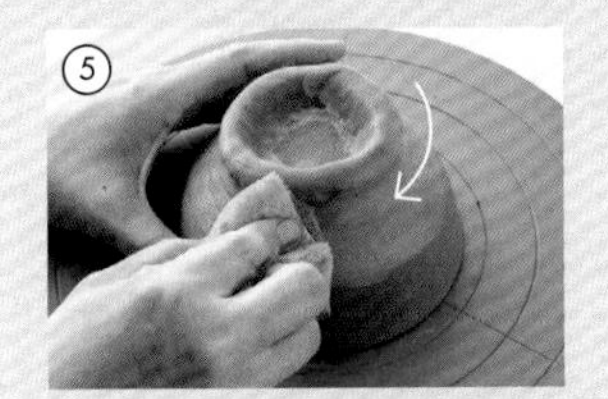

用吸了水的海绵轻轻擦拭整个碗，将步骤④留下的手指印等痕迹都抚平。边旋转转盘，边轻轻地进行调整。

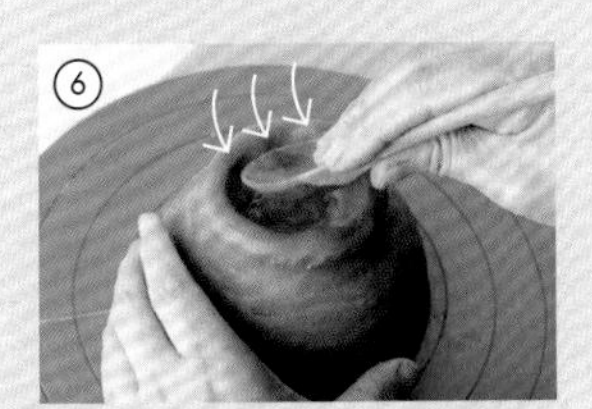

用木质勺子的背面，将底座的内侧调整平滑。从上至下移动勺子，抚平连接处。

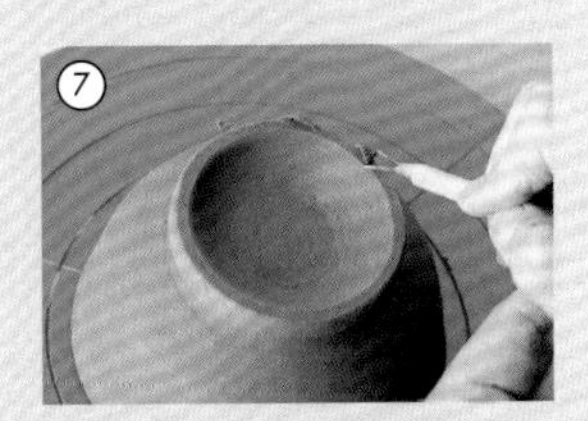

用修坯刀将底座调整水平。翻过来检查黏土会不会晃动。如果会晃动就继续进行调整。

最后用海绵轻抚底座的边角，让它的手感变得柔滑。注意不要太用力，只要温柔地将表面的凹凸抚平就好。

修饰方法

作品的修饰手法也有很多。
可以制作出成熟的、可爱的、朴素的等不同风格。
请享受按照自己的想法进行修饰的过程。

制作花纹

在这里介绍给花瓣或小鸟制作花纹的方法和工具。熟练之后可以进行创新。

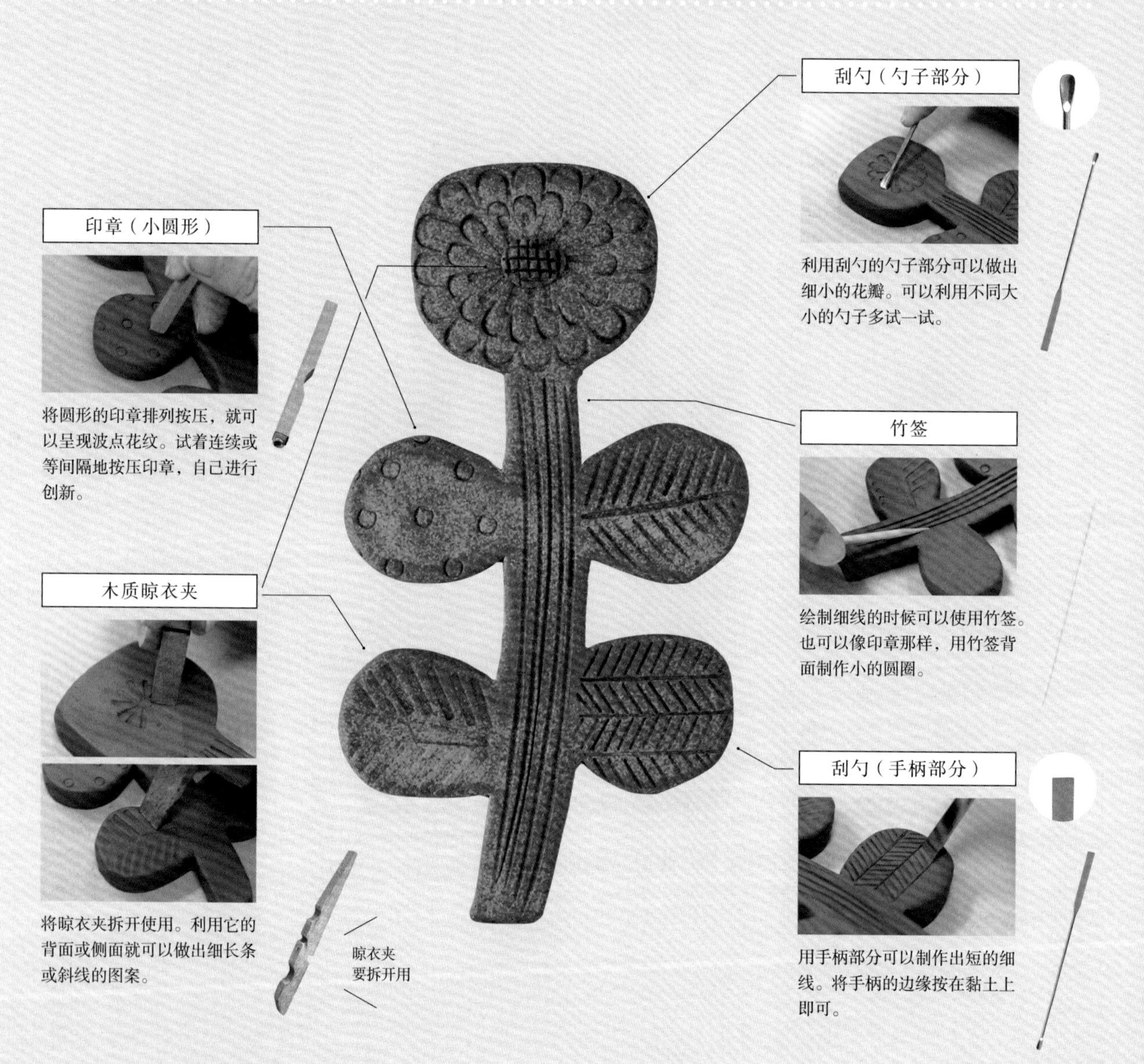

印章（小圆形）

将圆形的印章排列按压，就可以呈现波点花纹。试着连续或等间隔地按压印章，自己进行创新。

木质晾衣夹

将晾衣夹拆开使用。利用它的背面或侧面就可以做出细长条或斜线的图案。

刮勺（勺子部分）

利用刮勺的勺子部分可以做出细小的花瓣。可以利用不同大小的勺子多试一试。

竹签

绘制细线的时候可以使用竹签。也可以像印章那样，用竹签背面制作小的圆圈。

刮勺（手柄部分）

用手柄部分可以制作出短的细线。将手柄的边缘按在黏土上即可。

绘制图案

在这里介绍用化妆土或泥浆“绘制图案”，用修坯刀进行“浮雕”“刮除法”时的修饰方法。

绘制图案/化妆土（白色）

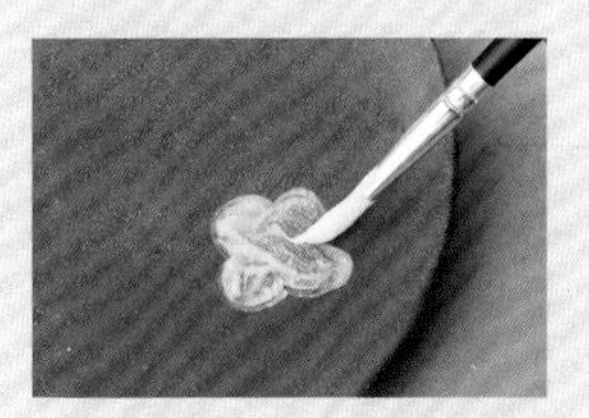

想画白色图案时使用化妆土。这样可以呈现出比丙烯颜料更淳朴的效果。

绘制图案/泥浆

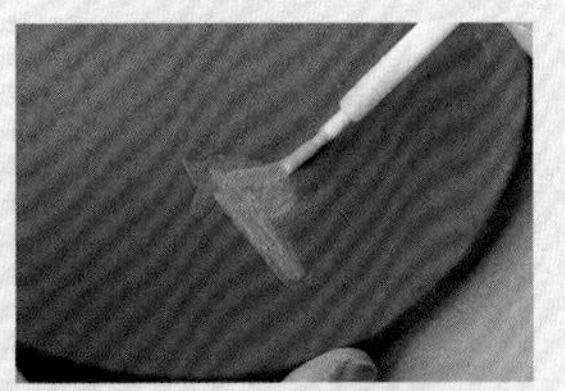

用泥浆绘制图案，这时所使用的泥浆要与作品所使用的黏土颜色不同。因为黏土和泥浆材质相同，所以才会有混然一体的效果。

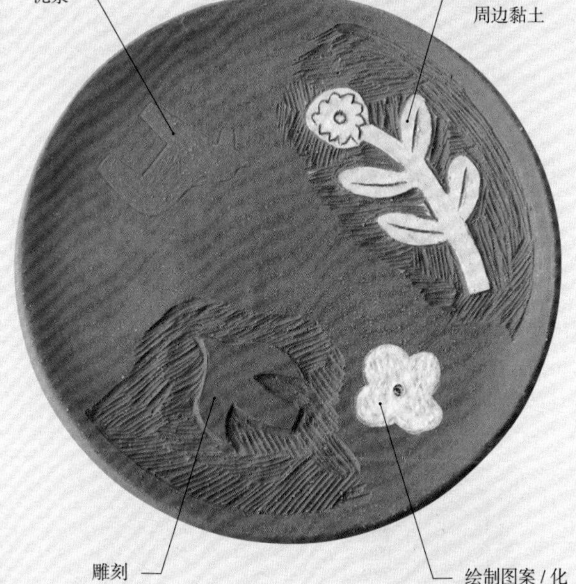

浮雕

① 将图案轻轻地画在黏土上，然后用修坯刀的突出部分雕刻刚才画好的线。要一点点慢慢地进行浮雕。

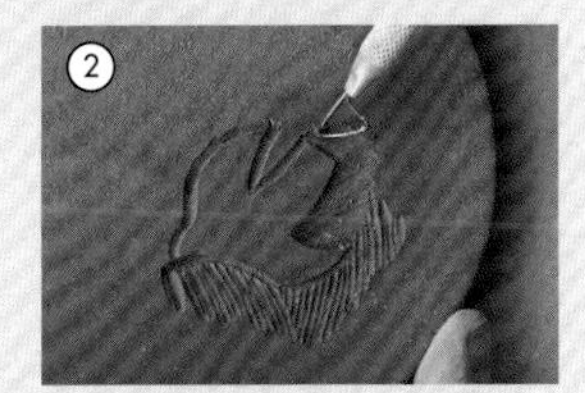

② 用修坯刀削掉图案周边的黏土，突出图案。图案周边的雕刻方法不同，整体的感觉就会不同。

刮除法

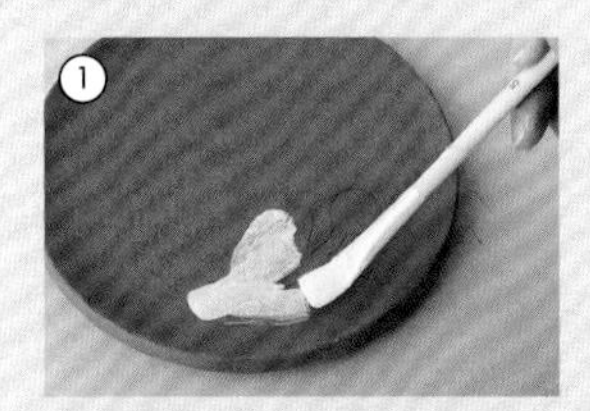

① 将图案轻轻地拓在黏土上后，把化妆土（白色）涂在上面，涂抹时要超出图案轮廓。

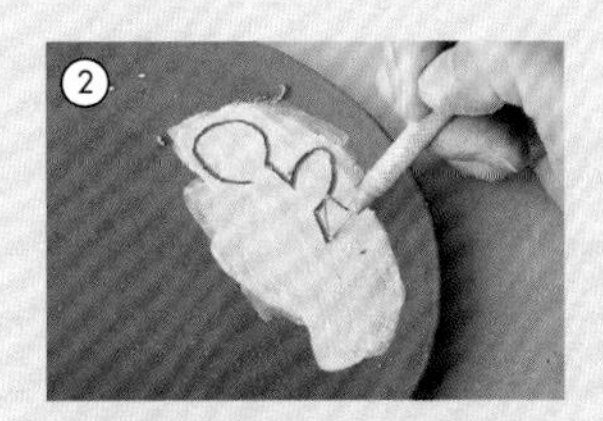

② 晾干30分钟左右，等化妆土干了之后，用修坯刀的突出部分雕刻图案的轮廓。

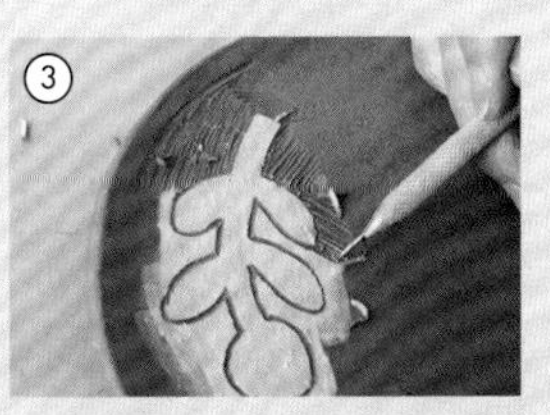

③ 刮除图案周边的黏土。改变雕刻方向，或留一点化妆土会更有味道。

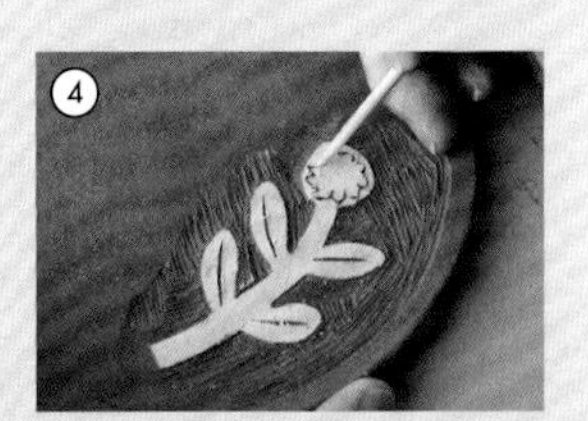

④ 用竹签雕刻花瓣和叶子的花纹。注意不要雕刻得太深。

烧制

家庭用烤箱就能烧制的烤箱用黏土。
探索自己喜欢的颜色吧。

烧制方法

晾干后的黏土要用预热至160~180℃的烤箱烧制。电烤箱和燃气烤箱都可以，但是请注意烤面包机或没有烤箱功能的微波炉是无法烧制的。不同烤箱最终的成色会略有区别，所以要边看情况边烧制，在30~60分钟间调整烧制时间。烧制时，作品不要摆得太满，记得留出足够的空隙。另外，有的烤箱会弄焦作品，在作品上盖一张铝箔纸可以防止它烧焦。

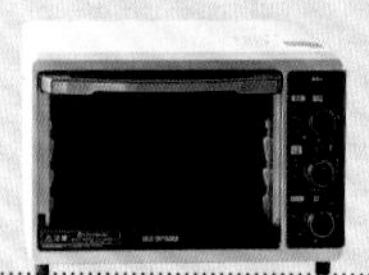

有两种
烧制方法

素烧

（第1次）

用预热至160~180℃的烤箱
30~60分钟

烧制干燥后的黏土。用来修饰作品的化妆土和泥浆会用在素烧前的塑形工作中。

釉烧

（第2次）

用预热到100~120℃的烤箱
20~30分钟

如果要上釉，要在素烧后将作品放凉，再上釉烧制。这时烤箱的温度要低一点。

烧制时的要点

- **黏土要充分晾干**
  如果黏土中含有水分，可能会在烧制时破裂，所以要先放置5~7日，让它充分干燥。
- **烧制过程要通风换气**
  黏土中含有的成分经过烧制可能会有气味，所以烧制过程要时常通风换气。
- **使用后的烤箱要清理干净**
  烧制完黏土的烤箱中会留下气味和黏土渣，所以如果用的是食品用烤箱，记得等烤箱放凉后用湿抹布将它擦拭干净。

关于烧成后的颜色

烧制时间会影响成品的颜色。如果想要作品颜色更深或希望把化妆土（白色）烧成浅棕色，那就延长烧制时间。

素烧

烧制没有涂任何东西的黏土，可以得到它原有的颜色。继续烧制可以得到更深的颜色。

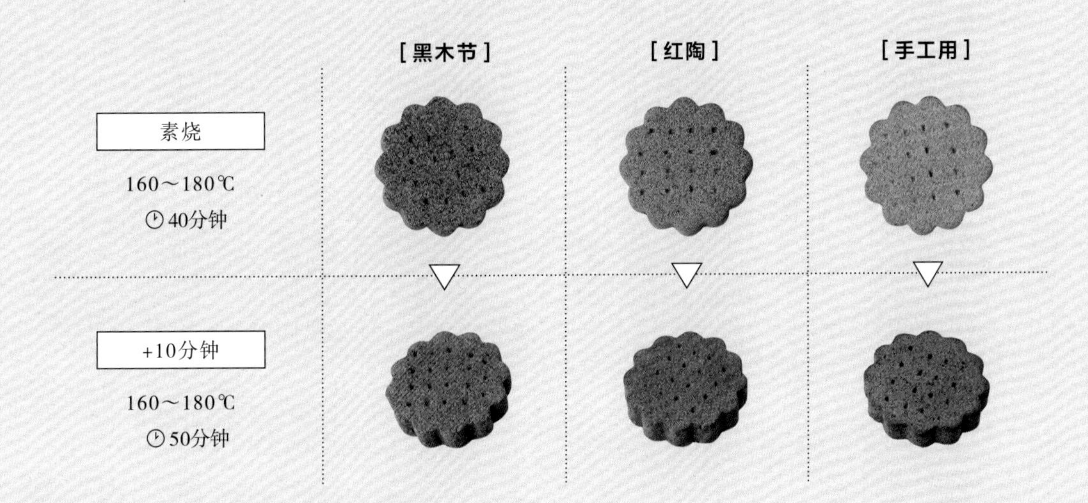

封层剂（Yu~、蓝 Yu~）

用作封装剂或修饰色彩时的烧成颜色的区别。

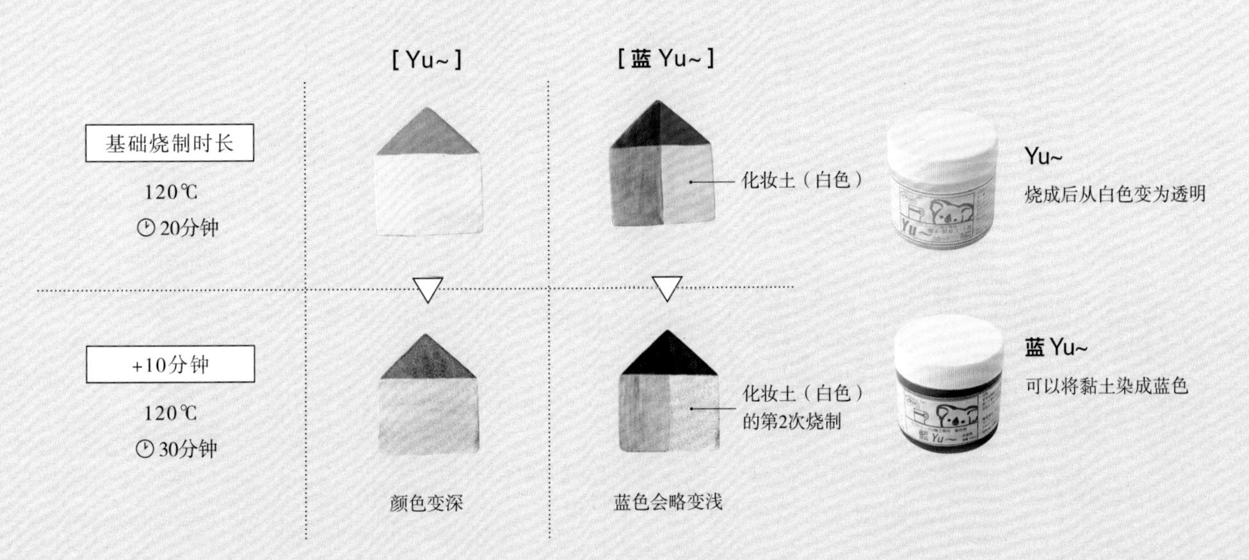

收尾工作

对烧成的作品做最后的加工。
用各种不同的方法进行加工，可以大大地提升作品的质感。

丙烯颜料

丙烯颜料干得很块，所以很适合叠加上色。使作品具有表现力。

给作品上色

① 图中黏土处于已经干了的状态。与塑好形时（第39页）相比，这时的黏土颜色偏白。

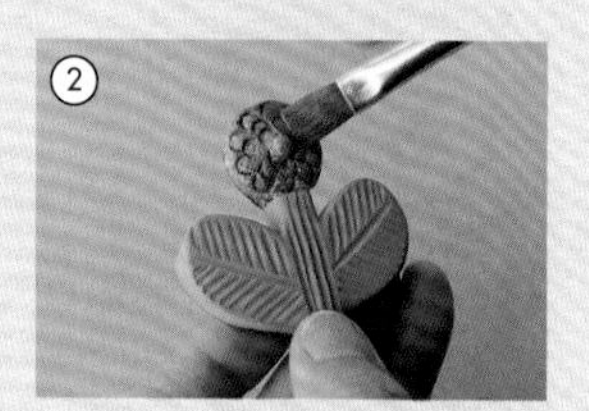

② 首先用毛笔给茎和叶子上色。雕刻的花纹也要用平头毛笔仔细上色。

③ 给包括花蕊在内的花上色，最后再用细毛笔给花蕊上色。

完成

绘制图案

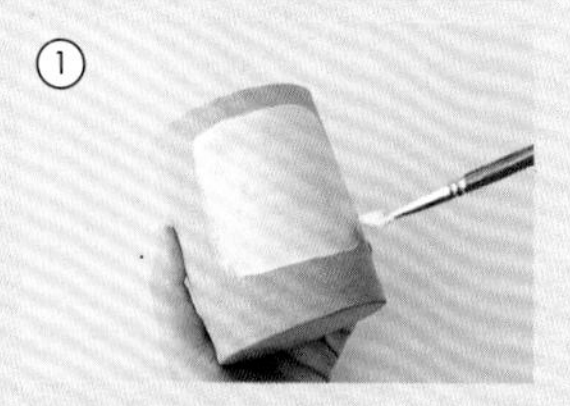

① 用丙烯颜料涂好底色。

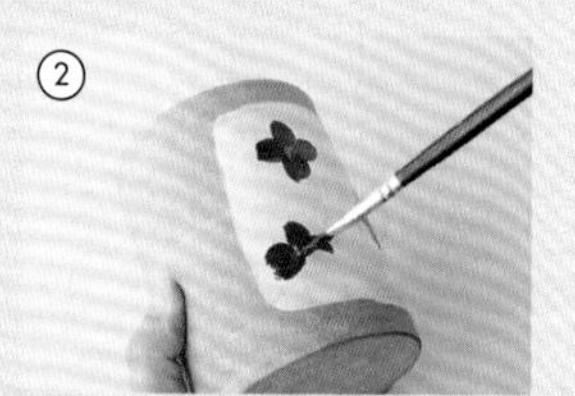

② 等底色颜料晾干后，用自己喜欢的颜色在上面画几朵小花。建议在作品上绘制之前，先在纸上练一练。

③ 等小花表面晾干后，用细毛笔画出花蕊。

完成

用布擦拭

上完色后，用布或毛巾擦拭表面，可以得到不同风格的图案。

完成

根据颜料种类的不同，擦拭后的图案会变得或粗糙或有光泽。

涂上光油

如果希望作品有光泽，可以在表面涂一层上光油。

完成

本书中，除“透明上光油”外，还会使用“有色上光油”让作品变得复古。

安装金属配件或绳子

给黏土安装专用的金属配件，可以做成饰品或壁饰等作品。

粘贴胸针用别针

等上好色的黏土晾干后，用黏合剂将胸针用别针粘在背面。

安装用于挂在墙上的绳子

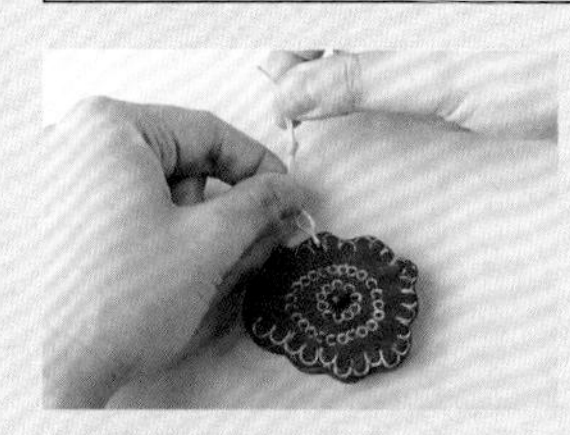

将绳子穿进事先用陶艺打孔器或修坯刀做好的小孔里。

将金属配件安装在壁饰或盘子上

用黏合剂将金属配件粘在壁饰或想要挂在墙上的盘子上。

将涂好黏合剂的金属配件放在作品的背面，进行粘接。

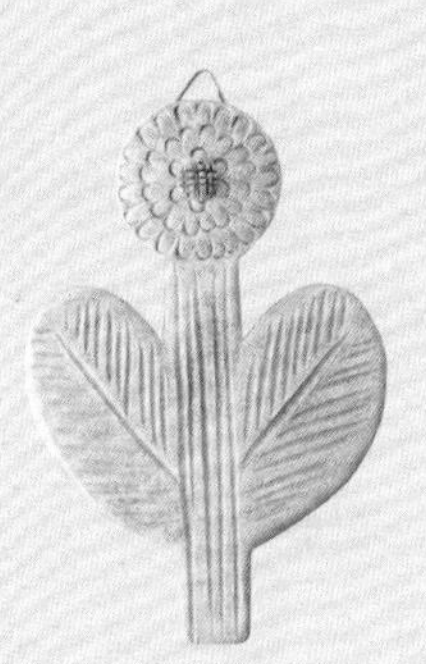

将作品用作餐具的准备

如果想用作餐具，一定要涂一层封层剂，做好防水、防油的加工处理。

涂封层剂

将烧成的黏土放凉，除背面以外的部分都涂上封层剂（Yu~）。

用预热到100~120℃的烤箱烧制20分钟左右。

如果希望作品有光泽，可以薄涂封层剂，重复“薄涂→晾干”的操作。

使用制作好的餐具时的注意事项

- 请用软海绵清洗。
- 随着使用，保护层可能会脱落，这时可以重新涂封层剂（Yu~）再烧制。这个操作可以随着使用不断重复进行。
- 涂了封层剂的餐具不可用于微波炉、烤箱或直接火烤，所以不要加热这些餐具。

常见问题 Q & A

Q 如何调整黏土的硬度？

A 每次只取出需要用到的量的黏土。如果黏土太软，就要揉一揉，注意不要让空气进入。如果太硬就用湿布包住黏土，放置一段时间。

Q 塑形时黏土裂纹了是不是就失败了？

A 如果黏土碎成块，那就要用湿布包好，放置一段时间，等黏土软了再用。如果是细小的裂纹，用海绵轻抚就可以修复。

Q 封层剂（Yu~）要涂多少呢？

A 封层剂涂得越多，对餐具的保护效果越好，但是作品太过有光泽的话，韵味就会减弱。注意不要涂得太厚，并且要涂抹均匀。

Q 如何用丙烯颜料做出有风格的作品？

A 除了第46页介绍的用布擦拭的方法，还可以尝试用不同颜色叠加上色或进行混色处理，运用不同方法做出不同风格的作品。

Q 教给我一些创意吧？

A 盘子可以不用作餐具，而用作壁饰。这时就不用涂封层剂了，只要粘上金属配件就可以了。另外，如果是胸针大小的作品，可以在塑形时用陶艺用打孔器打两个孔，然后烧成并上完色后，将皮绳穿进去就是头饰了。

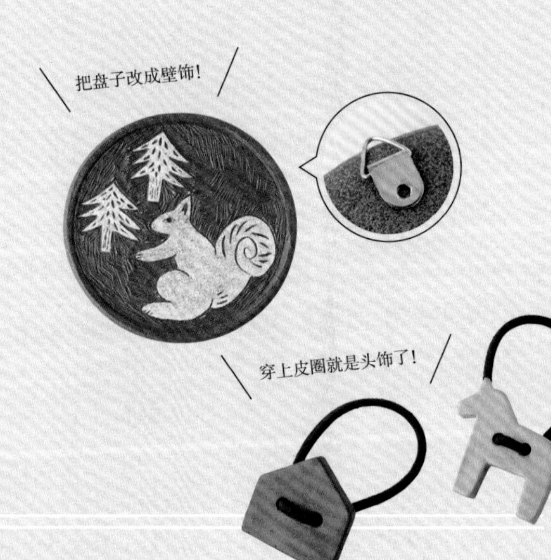

作品所用的材料、工具和制作方法

接下来介绍书中出现的每一个作品所用到的材料、工具和它们的制作方法。
制作方法是对 p.36~47 讲解的塑形和修饰手法的组合，所以请参照前面具体的制作方法。

书中对各丙烯颜料品牌的标记

［TG］透纳丙烯颜料（TURNER ACRYL GOUACHE）
［HA］荷尔拜因丙烯颜料（HOLBEIN ACRYLIC COLORS）
［HG］荷尔拜因不透明丙烯颜料（HOLBEIN ACRYLIC GOUACHE）

纸样的制作方法

对做多大的盘子、画什么样的图案有想法后，第一步要做的就是画纸样。

［材料和工具］ 设计稿、拓写纸、厚纸板、复写纸、圆规、铅笔、剪刀

<圆形的纸样>

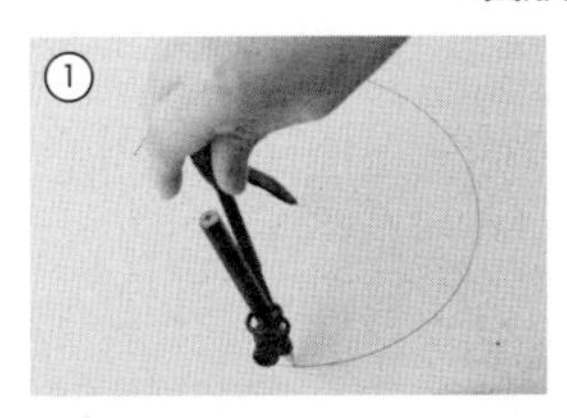

① 用圆规在厚纸板上画一个圆，想做多大的作品就画多大的。

② 用剪刀沿着画好的线剪下来。

<图案的纸样>

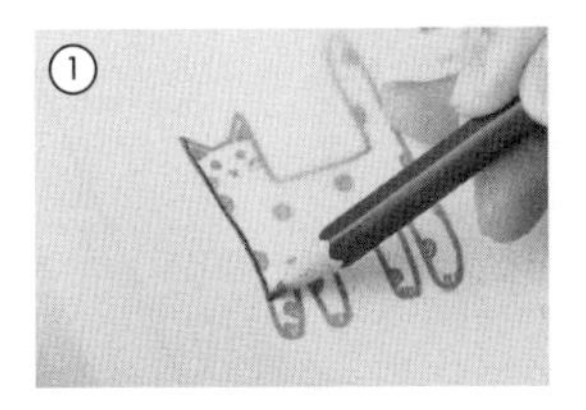

① 将图案描绘在拓写纸上。

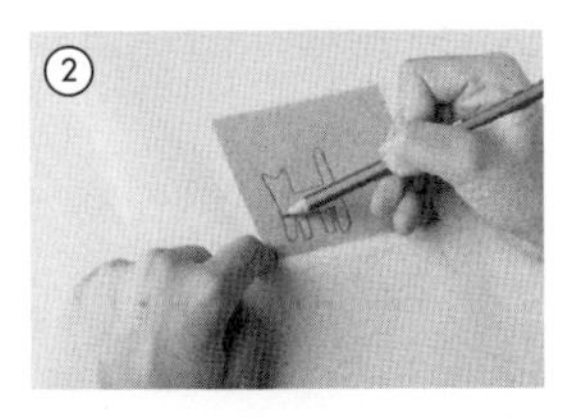

② 以厚纸板、复写纸、拓写纸从下到上的顺序将三张纸叠加好后，用铅笔描绘图案。

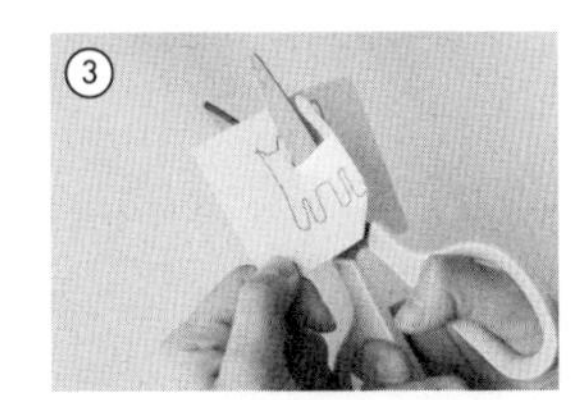

③ 用剪刀剪下拓在厚纸板上的图案。

盘子

plate

（作品：p.6~7）

■ 材料和工具

黏　土：[01]黑木节
[02]红陶
[03]黑木节
[04]黑木节
[05]红陶

塑　形：黏土垫板
木板条
压泥棒
纸样（直径14cm的圆形）
细节针
海绵
水桶

修　饰：拓写纸
竹签
化妆土（白色）
泥浆（红陶）
毛笔
修坯刀

收　尾：封层剂（Yu~）
毛笔

图　案：[01]…p.74
[02]…p.75
[03]…p.74
[04]…p.75
[05]…p.75

■ 制作方法

＊相关参照："制作泥板"（p.36）、"提起边缘"（p.36）、"刮除法"（p.43）

〈01.02.05 的制作方法〉

❶ 制作厚度7mm的泥板后（按照作品尺寸调整大小），按照纸样切割泥板。
❷ 用手指提起切好的黏土边缘，做成盘子的形状。
❸ 用吸了水的海绵或沾了水的手指抚平黏土边缘及整体，让盘子变光滑。
❹ 放置1小时左右，晾干黏土。
❺ 用铅笔将图案拓在拓写纸上。
❻ 将❺放在❹上，用竹签轻轻地描绘图案，将图案印在黏土上。
❼ 用毛笔将化妆土涂在图案上，要超出图案轮廓。
❽ 放置30分钟左右，晾干。
❾ 参照p.43的"刮除法"，用竹签或细节针刮掉图案周边的黏土。
❿ 用细节针雕刻图案上的纹理。
⓫ 放置5~7天晾干。
⓬ 用160~180℃的烤箱烧制40分钟。
⓭ 作品放凉后，用毛笔上一层封层剂（Yu~），并放置30分钟晾干。
⓮ 用100~120℃的烤箱烧制20分钟。

〈03 的制作方法〉

步骤❶~❺相同。
❻ 用毛笔把泥浆（红陶）涂在图案上。
❼ 用毛笔把化妆土（白色）涂在❻以外的地方。
❽ 放置5~7天，晾干黏土。
❾ 用160~180℃的烤箱烧制40分钟。

〈04 的制作方法〉

步骤❶~❹相同。
❺ 用毛笔和化妆土（白色）绘制花朵的图案。徒手画出来的会更有韵味。
❻ 用竹签雕刻花蕊。
❼ 放置5~7天，晾干黏土。
❽ 用160~180℃的烤箱烧制40分钟。如果希望花朵的颜色白一点，可以适当缩短烧制时间。
❾ 作品放凉后，用毛笔上一层封层剂（Yu~），并放置30分钟晾干。
❿ 用100~120℃的烤箱烧制20分钟。

5 个作品大小相同

直径 14cm

厚0.7cm

[01]
塑形：制作泥板&提起边缘
修饰：刮除法
收尾：封层剂（Yu~）

[02]
塑形：制作泥板&提起边缘
修饰：刮除法
收尾：封层剂（Yu~）

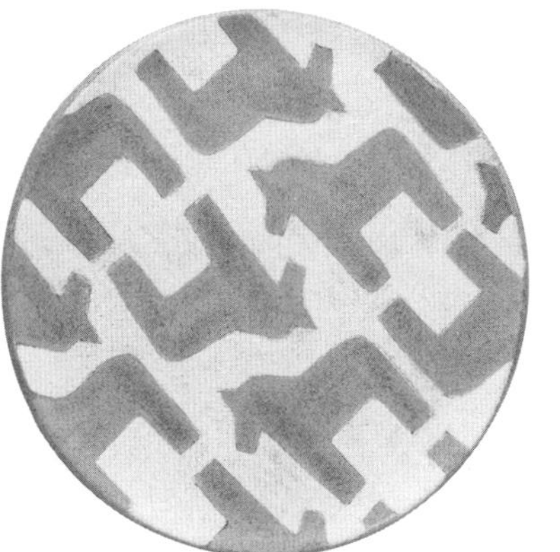

[03] *
塑形：制作泥板&提起边缘
修饰：绘制图案［泥浆和化妆土（白色）］

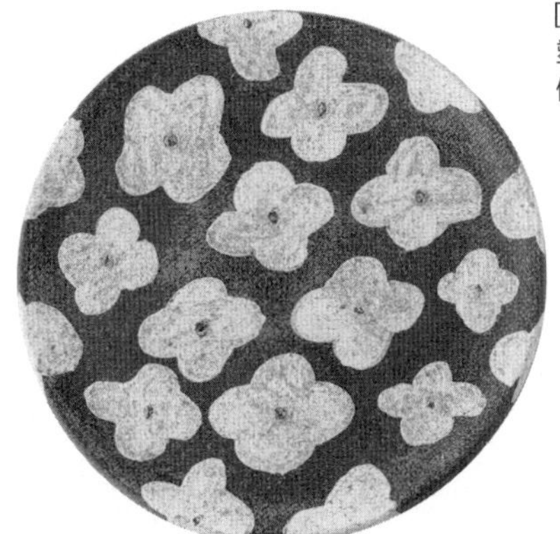

[04]
塑形：制作泥板&提起边缘
修饰：绘制图案［泥浆和化妆土（白色）］
收尾：封层剂（Yu~）

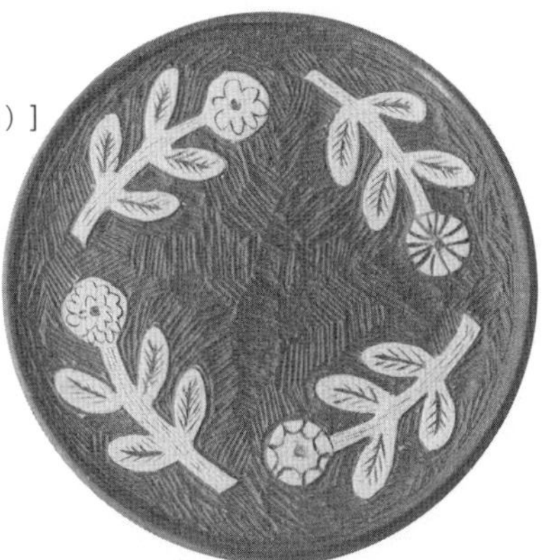

[05]
塑形：制作泥板&提起边缘
修饰：刮除法
收尾：封层剂（Yu~）

*为了作品有韵味，没有进行收尾工作。如果想用作餐具，需要涂上封层剂（Yu~），用100~120℃的烤箱烧制20分钟。

06～07

玛格丽特花图案器皿

marguerite dish

（作品：p.8~9）

■ 材料和工具

黏　土：[06] 黑木节
　　　　[07] 红陶
塑　形：黏土垫板
　　　　木板条
　　　　压泥棒
　　　　细节针
　　　　纸样（直径15cm的圆形）
　　　　用作模具的器皿（直径约13cm、有凹凸花纹的碗）
　　　　丝袜
　　　　转盘
　　　　海绵
　　　　水桶
修　饰：化妆土（白色）
　　　　毛笔
　　　　修坯刀
收　尾：封层剂（Yu~）
　　　　毛笔

■ 制作方法

*相关参照："制作泥板"（p.36）、"压纹"（p.37）

❶ 制作厚度为7mm的泥板后，参照p.37的"压纹"进行塑形。
❷ 用毛笔将化妆土涂在上面。
❸ 放置5~7天，晾干黏土。
❹ 用160~180℃的烤箱烧制40分钟。
❺ 作品放凉后，用毛笔上一层封层剂（Yu~）并放置30分钟晾干。
❻ 用100~120℃的烤箱烧制20分钟。

用作模具的器皿。外侧要有凹凸。选择自己喜欢的碗吧！

要点

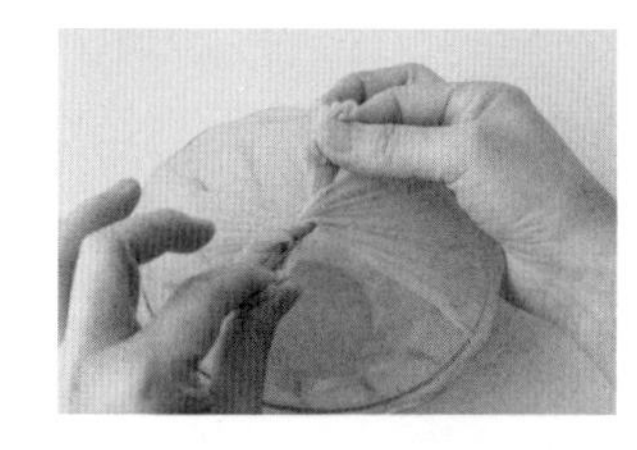

用丝袜包裹

将淘汰的丝袜剪成合适的大小，用它把器皿包裹住。要抻直丝袜，不能有褶皱，然后系紧多余的丝袜。

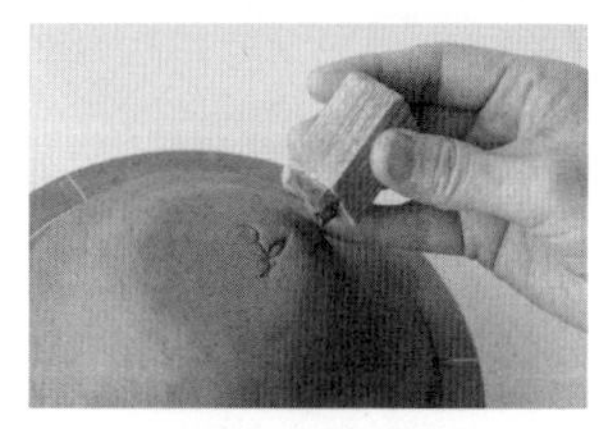

在平底留下标记

黏土成型之后，先不要拿下用作模具的器皿，用文字或喜欢的图案留下自己的标记吧。手写签名可以用竹签雕刻，图案可以用印章。盖印章的时候注意不要太用力。

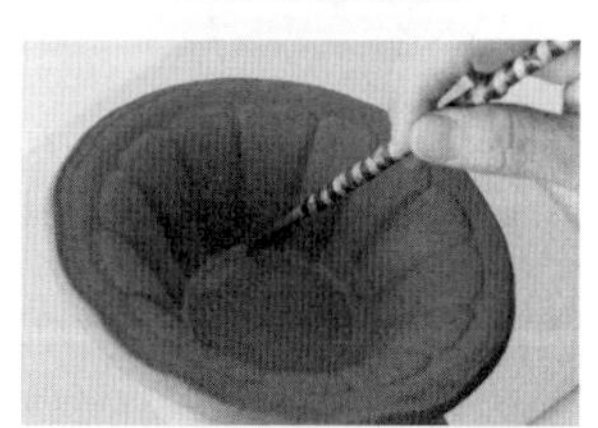

用笔抚平凹凸部分

塑形时出现在表面的凹凸要在黏土变干前抚平。手指和海绵都够不到的地方可以用毛笔抚平，制作出漂亮的作品。

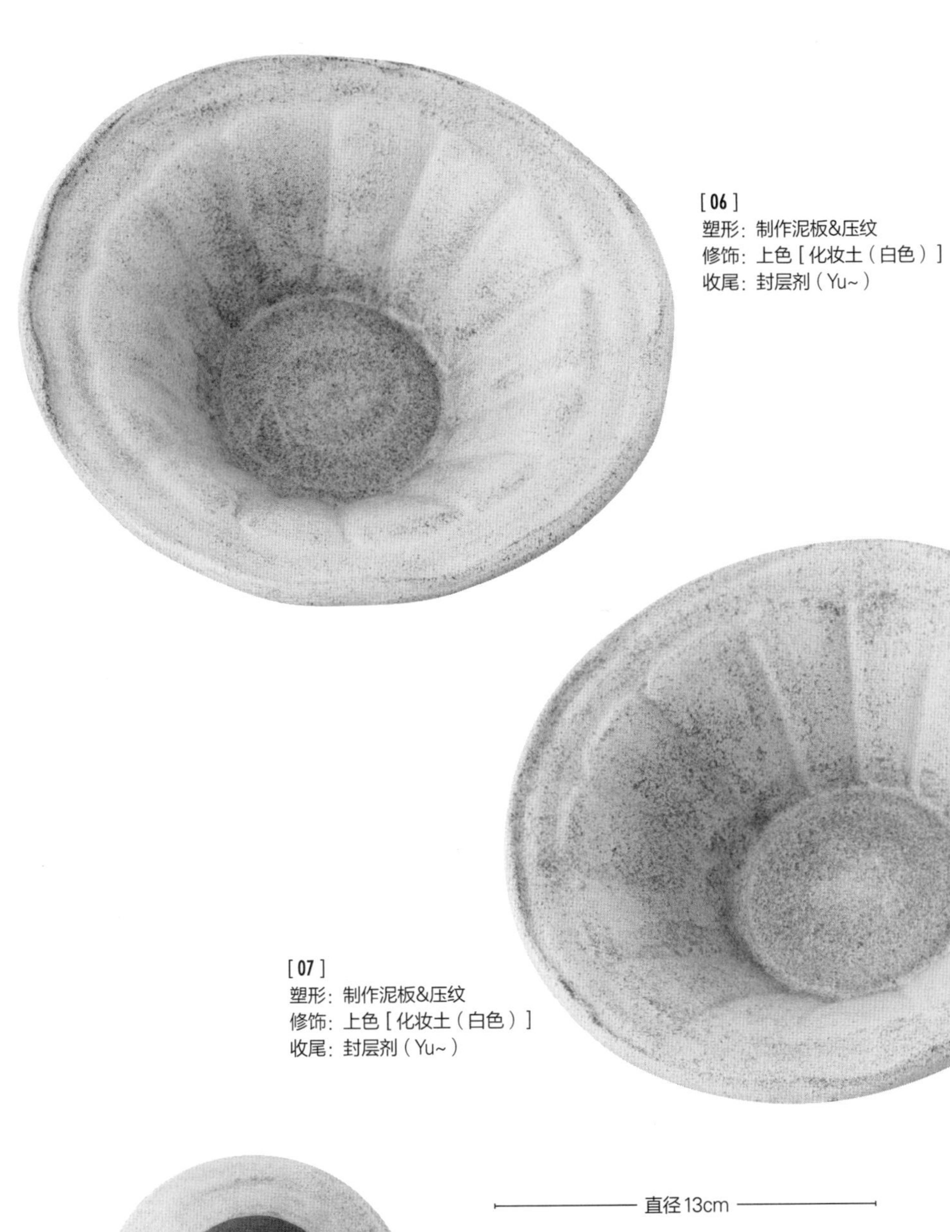

[06]
塑形：制作泥板&压纹
修饰：上色 [化妆土（白色）]
收尾：封层剂（Yu~）

[07]
塑形：制作泥板&压纹
修饰：上色 [化妆土（白色）]
收尾：封层剂（Yu~）

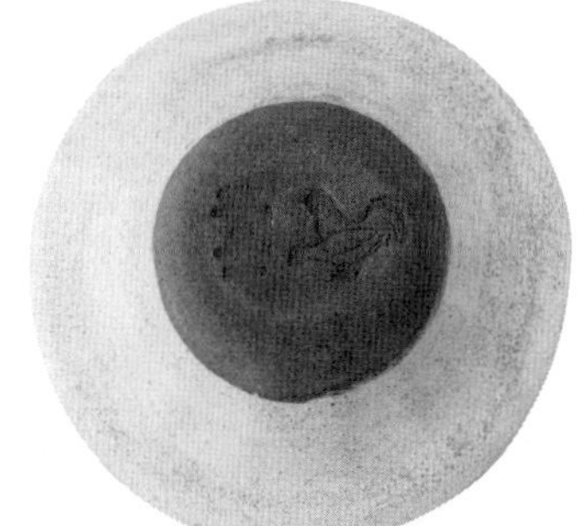

从底部看

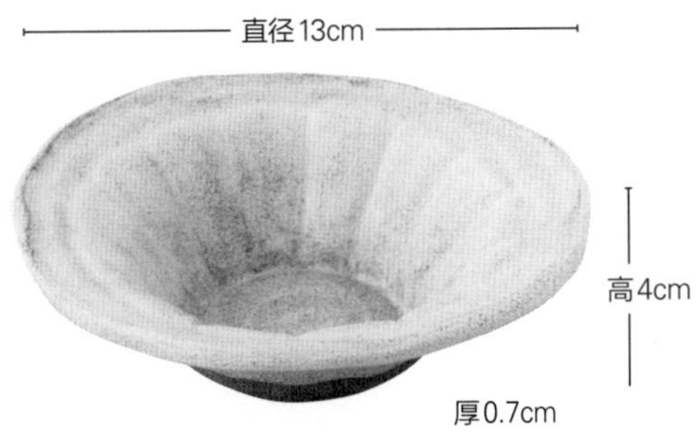

从侧面看

08~09

笔筒

pen holder

（作品：p.10~11）

■ 材料和工具

黏　土：[08]手工用
　　　　[09]黑木节
塑　形：黏土垫板
　　　　木板条
　　　　压泥棒
　　　　细节针
　　　　纸样
　　　　（08→宽10.5cm×长26cm的长方形）
　　　　（09→宽7.5cm×长10.5cm的长方形）
　　　　用作模具的筒状物品（要防水材质的）
　　　　修坯刀
　　　　毛笔
　　　　泥浆（与作品使用的黏土种类一致）
　　　　竹签
　　　　黏土抹刀
　　　　海绵
　　　　水桶
　　　　丝袜
　　　　美纹胶带
收　尾：纸质调色盘
　　　　毛笔
　　　　丙烯颜料
　　　　[08]底色①…[TG] 深绿（deep green）
　　　　　　底色②…[HA] 树汁绿（sap green）
　　　　　　花瓣……[HA] 锌白（zinc white）
　　　　　　花蕊……[HA] 焦赭色（burnt umber）
　　　　[09]底色……[HA] 锌白（zinc white）
　　　　　　花瓣……[HA] 柠檬黄（lemon）+树汁绿（sap green）
　　　　　　花蕊……[HA] 焦赭色（burnt umber）

■ 制作方法

*相关参照："制作泥板"（p.36）、"制作筒状"（p.38）

❶ 制作厚度为9mm的泥板后，参照p.38的制作筒状的方法，制作筒侧面的长方形和筒底的圆形黏土。
❷ 放置5~7天，晾干黏土。
❸ 用160~180℃的烤箱烧制40分钟。
❹ 作品放凉后，[08]以底色①→底色②的顺序叠加上色，而[09]就用1个颜色上色。
❺ 用毛笔绘制花朵。
❻ 用毛笔绘制出花蕊。

用作模具的瓶子。长方形纸样的长边的长度取决于瓶底的周长。筒的高度根据想做什么样的作品来定。

要点

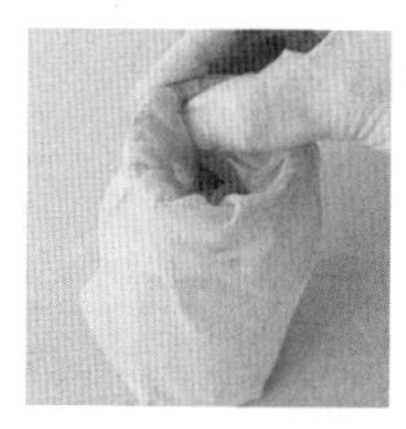

用丝袜包裹的方法

将丝袜剪成合适的大小，用它把作为模具的筒（照片中为玻璃瓶子）裹住，然后用美纹胶带将底部的丝袜固定。要抻直丝袜，不能有褶皱，然后把多余的丝袜塞进瓶子里。

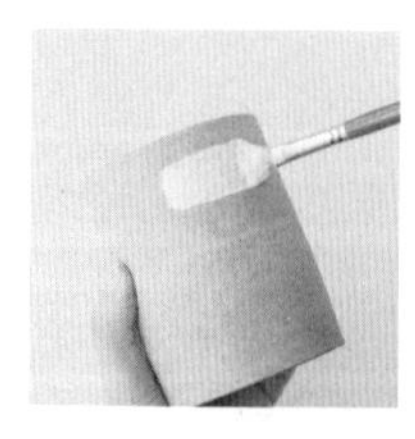

涂丙烯颜料的方法

在烧制好的笔筒上直接涂丙烯颜料。边转动笔筒边涂，让毛笔在笔筒侧面滑动。丙烯颜料干得很快，所以多蘸一些颜料，在作品上进行延展。

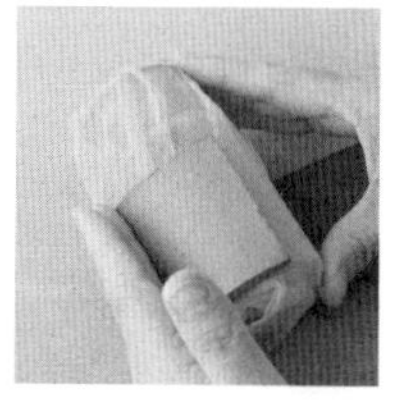

将黏土围在瓶子上时

把从泥板上切下来的长方形黏土围在瓶子上。将瓶子放在黏土上，用手轻轻固定黏土，然后慢慢滚动瓶子，围上黏土。

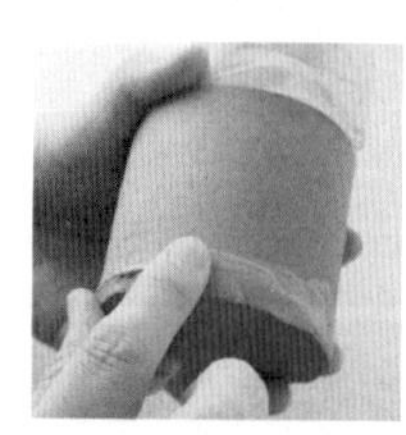

用手指连接底面

切下底面连接部分的黏土，再涂上泥浆就可以与筒状黏土连接了。连接时，用手指抹平连接的痕迹。沿着筒的一周慢慢移动的同时，上下轻微地移动手指。

[08]
塑形：制作泥板&制作筒状
收尾：绘制图案&上色（丙烯颜料）

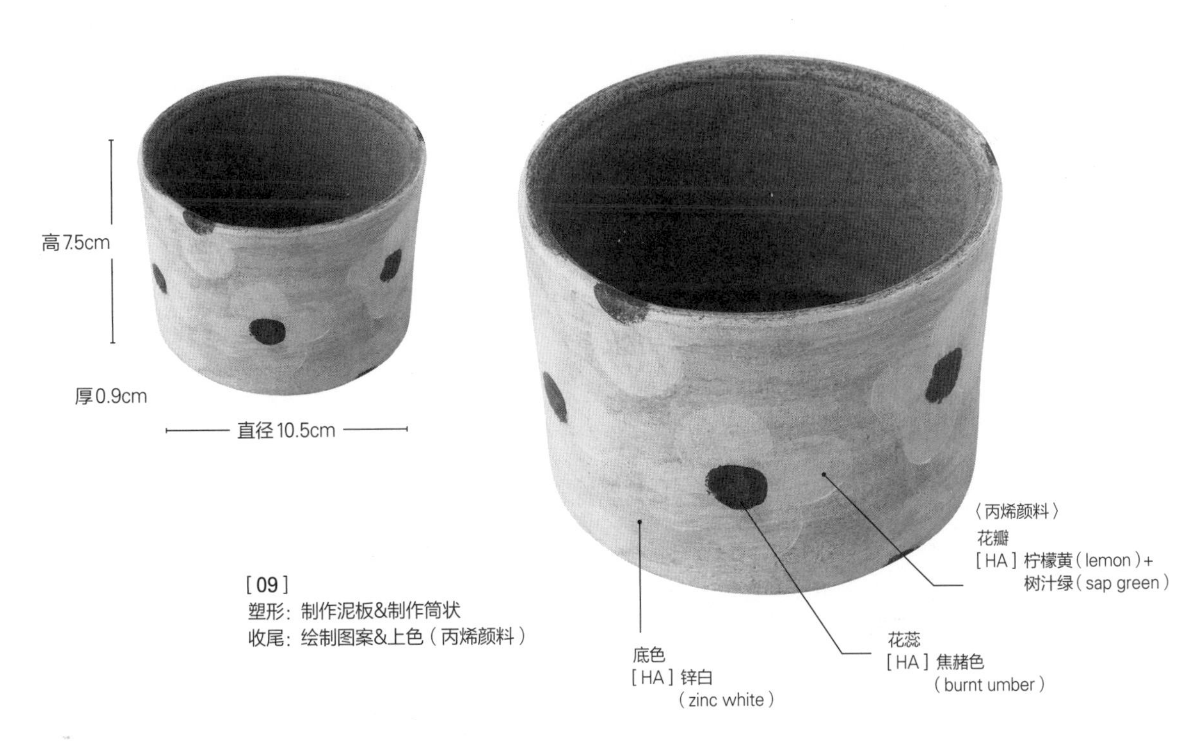

[09]
塑形：制作泥板&制作筒状
收尾：绘制图案&上色（丙烯颜料）

⑩~⑭

房子摆件

house object

（作品：p.12~13）

■ 材料和工具

黏　土：[10]红陶
　　　　[11]手工用
　　　　[12]黑木节
　　　　[13]红陶
　　　　[14]红陶
塑　形：黏土垫板
　　　　切菜刀
　　　　拍泥木板
　　　　竹签
　　　　修坯刀
　　　　黏土抹刀
　　　　海绵
　　　　毛笔
　　　　水桶
　　　　报纸
修　饰：纸质调色盘
　　　　毛笔
　　　　布
　　　　丙烯颜料
　　　　[10]····[HG]浅亮红(light red bright)
　　　　[13]····[HG]灰绿色(ash green)
　　　　[14]····[TG]复古金(antique gold)

制作陶艺用的拍泥木板。用平整的一面拍打黏土进行塑形。可用厚木板代替。

■ 制作方法

〈10的制作方法〉

按照右页“削落”的方法①~⑤，制作房子的外形。

❻ 用竹签在房顶中间部分到侧面中间部分划两条线。然后用修坯刀削落两条线之间的黏土，制作凹槽（右页照片❻）。
❼ 削出平面后，用切菜刀垂直削落侧面的黏土（右页照片❼）。
❽ 再用黏土抹刀调整凹槽（右页照片❽）。
❾ 用海绵抚平整体，用毛笔抚平凹槽（右页照片❾）。
❿ 放置7天左右，晾干黏土。在凹槽夹一些报纸，可以让作品以漂亮的形状固定(右页照片❿)。
⓫ 作品彻底晾干后，用160~180℃的烤箱烧制30~40分钟。
⓬ 作品放凉后，用丙烯颜料上色。

〈11、12的制作方法〉

按照❶~❺的步骤做好房子的外形。

❻ 用吸了水的海绵将表面抚平。
❼ 放置5~7天晾干后，用160~180℃的烤箱烧制30分钟。

〈13的制作方法〉

按照❶~❺的步骤做好房子的外形。

❻ 用修坯刀或竹签雕刻窗户部分。
❼ 用吸了水的海绵将表面抚平。
❽ 放置5~7天，等黏土晾干后，用160~180℃的烤箱烧制30分钟。
❾ 作品放凉后，用丙烯颜料上色。最后用布擦拭表面，让作品变得有质感。

〈14的制作方法〉

按照❶~❺的步骤做好房子的外形。

❻ 用竹签在房顶上扎一个孔。
❼ 放置5~7天，等黏土晾干后，用160~180℃的烤箱烧制30分钟。
❽ 作品放凉后，用丙烯颜料上色。

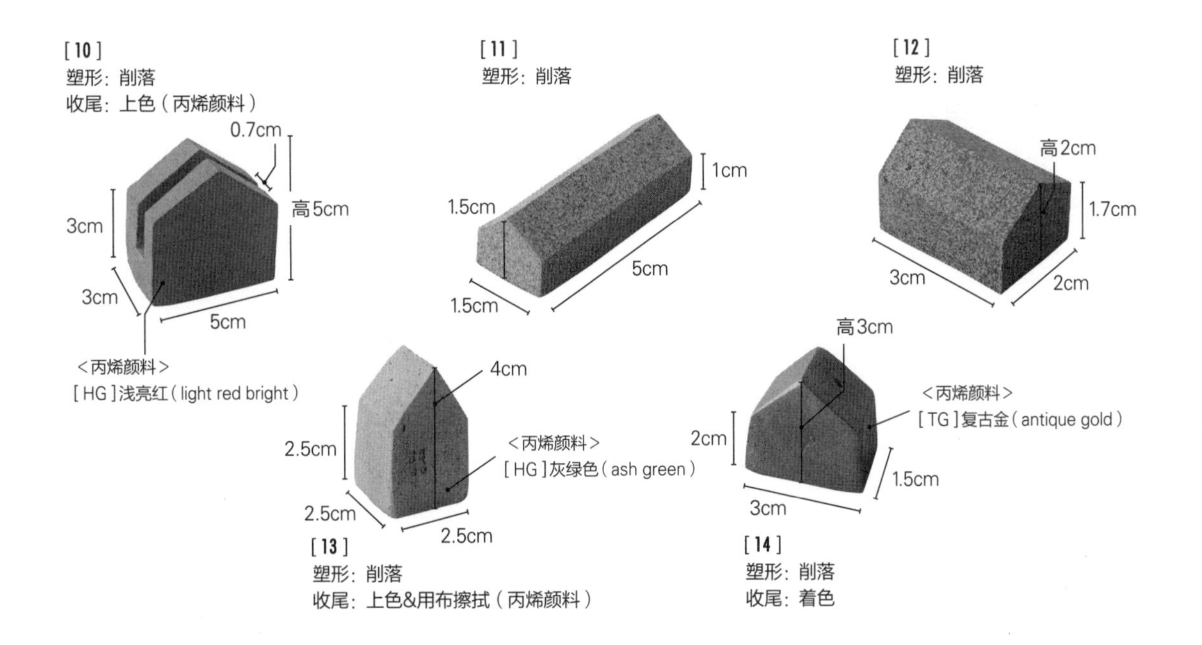

“削落”的方法

用“拍打到垫板上”的方法将黏土塑形成方形。放置3~4小时，晾干黏土。注意黏土太软就不好切了。

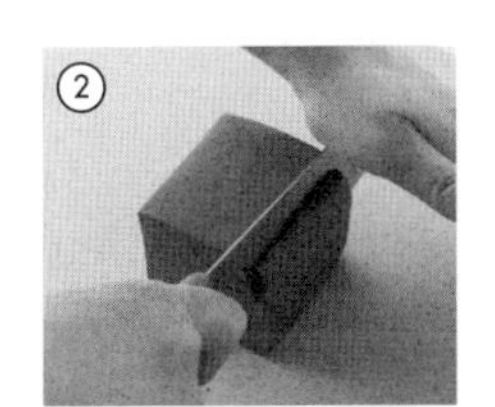

将切菜刀垂直向下移动，削掉所有面。要让黏土的所有切面都是平面。

将②切成想要的厚度。

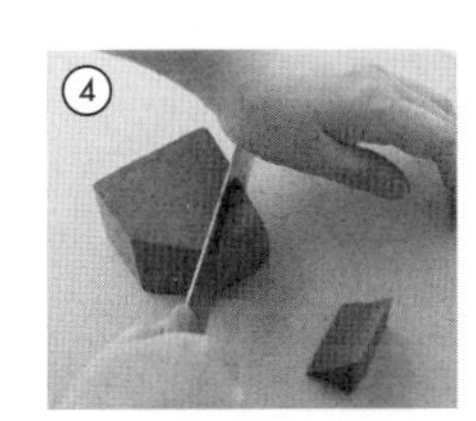

用刀斜着切黏土，制作屋檐。

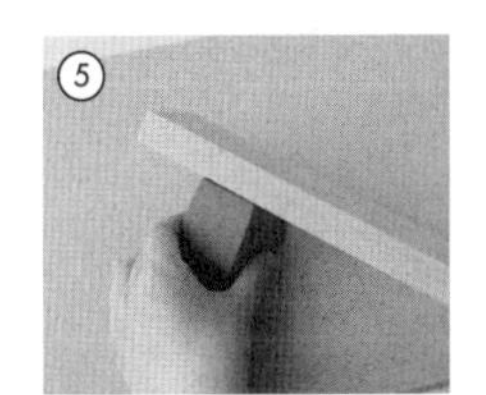

用拍泥木板拍打黏土，将表面弄平。

制作凹槽的流程

※相关解说请参考左页[10]的制作方法

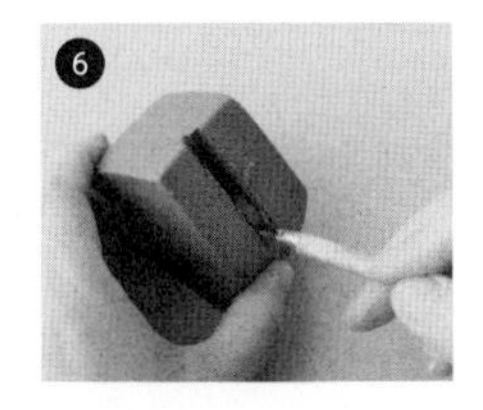

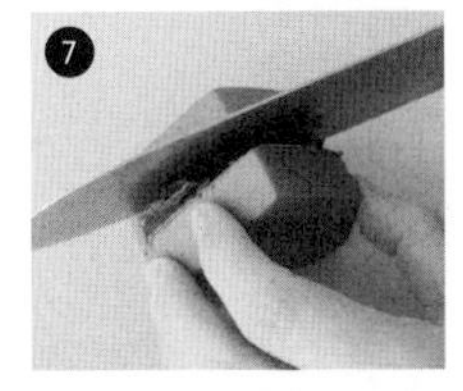

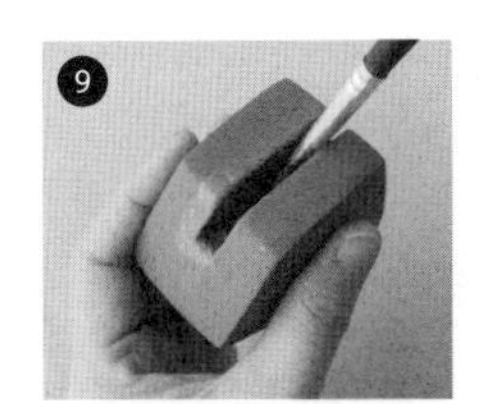

15 ~ 17

刀叉托

cutlery rest

（作品：p.14~15）

■ 材料和工具

黏　土：[15]黑木节、手工用、红陶
[16]黑木节、手工用、红陶
[17]手工用、红陶
塑　形：黏土垫板
木板条
压泥棒
饼干模具
叉子
陶艺用打孔器或吸管
海绵
毛笔
水桶
修　饰：[16]、[17]化妆土（白色）
毛笔

■ 制作方法

＊相关参照："制作泥板"（p.36）、"模具"（p.37）

〈15 的制作方法〉

❶ 制作厚度为8mm的泥板后，用饼干模具将黏土做成模具的形状。
❷ 用海绵或毛笔抚平切口后，用叉子在表面戳出小孔，做出饼干的质感。
❸ 放置3天左右，晾干黏土。
❹ 用160~180℃的烤箱烧制30分钟。

〈16 的制作方法〉

❶ 制作厚度为10mm的泥板后，用饼干模具将黏土做成模具的形状。
❷ 用陶艺用打孔器或吸管在中间开出一个小孔。
❸ 用海绵抚平切口，中间的孔也要用毛笔抚平。
❹ 在上表面和侧面三分之一处用毛笔涂抹化妆土（白色）。
❺ 放置3天左右，晾干黏土。
❻ 用160~180℃的烤箱烧制30~40分钟。

〈17 的制作方法〉

❶ 制作厚度为8mm的泥板后，用饼干模具将黏土做成模具的形状。
❷ 用海绵或毛笔抚平切口。
❸ 用化妆土（白色）绘制图案。
❹ 放置3天左右，晾干黏土。
❺ 用160~180℃的烤箱烧制30~40分钟。

饼干模具

[15]

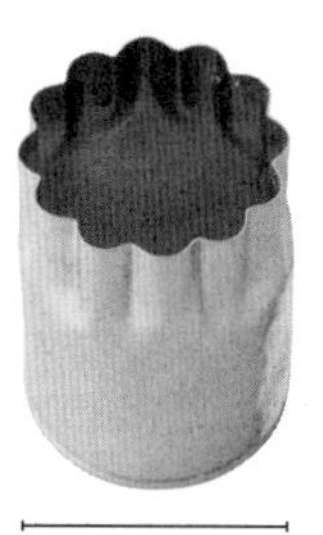

直径3.5cm

[16]

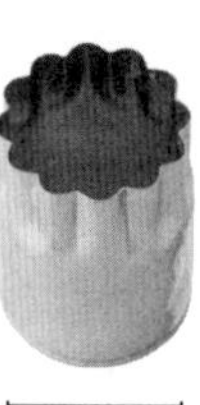

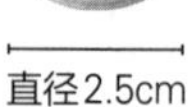

直径2.5cm

[17]

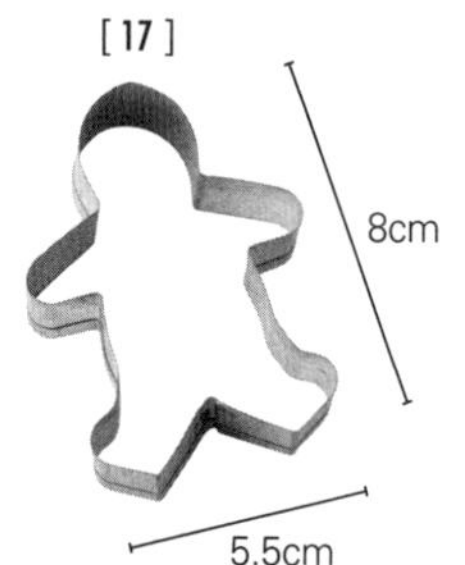

利用饼干模具等不同的模具，制作自己喜欢的形状和厚度的作品吧。

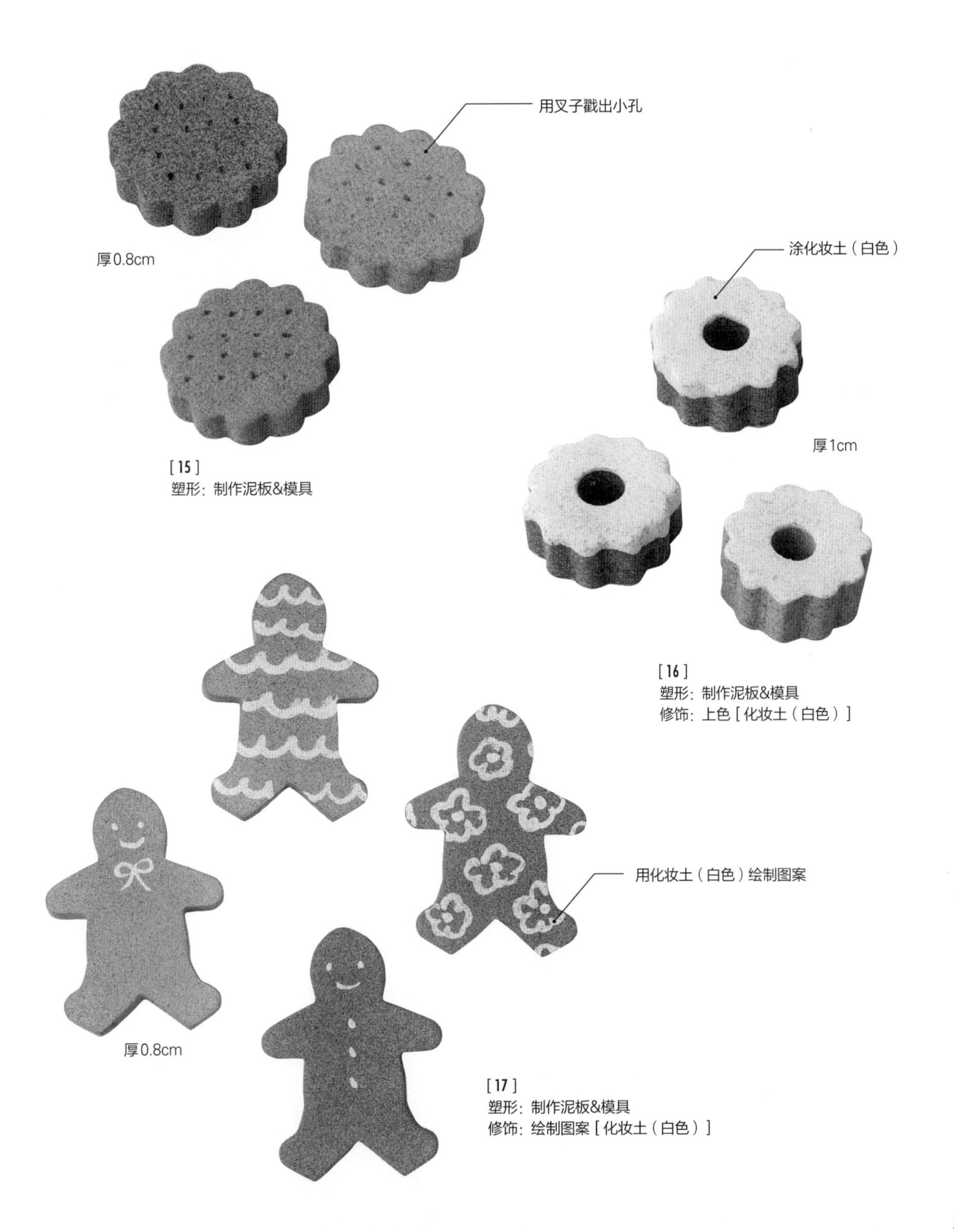

[15]
塑形：制作泥板&模具

[16]
塑形：制作泥板&模具
修饰：上色［化妆土（白色）］

[17]
塑形：制作泥板&模具
修饰：绘制图案［化妆土（白色）］

(18)~(19)

大丽花图案圆盘

dahlia dish

（作品：p.16~17）

■ 材料和工具

黏　土：[18]红陶
　　　　[19]黑木节
塑　形：黏土垫板
　　　　木板条
　　　　压泥棒
　　　　细节针
　　　　纸样（直径17cm的圆形）
　　　　用作模具的器皿
　　　　（直径15cm左右，表面要有凹凸花纹）
　　　　丝袜
　　　　海绵
　　　　水桶
修　饰：化妆土（白色）
　　　　毛笔
　　　　修坯刀
收　尾：封层剂（Yu~）
　　　　毛笔

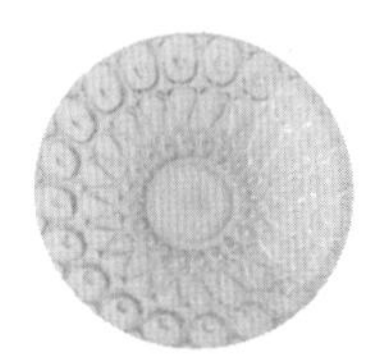

用作模具的器皿。表面有凹凸的花纹。选择带有喜欢的花纹的器皿作模具吧。

■ 制作方法

＊相关参照："制作泥板"（p.36）、"压纹"（p.37）

〈18的制作方法〉

❶ 制作厚度为7mm的泥板后，参照p.37的"压纹"进行塑形。
❷ 用毛笔将化妆土（白色）涂在正面。用平头毛笔轻轻地涂在表面上，不要涂到凹凸花纹的缝隙里。
❸ 放置5~7天，晾干黏土。
❹ 用160~180℃的烤箱烧制40分钟。
❺ 放凉后用毛笔上一层封层剂（Yu~），放置30分钟左右。
❻ 用100~120℃的烤箱烧制20分钟。

〈19的制作方法〉

❶ 制作厚度为7mm的泥板后，参照p.37的"压纹"进行塑形。
❷ 用毛笔涂一层化妆土（白色）。可以不均匀地涂抹体现复古感。
❸ 放置5~7天，晾干黏土。
❹ 160~180℃的烤箱烧制40分钟。

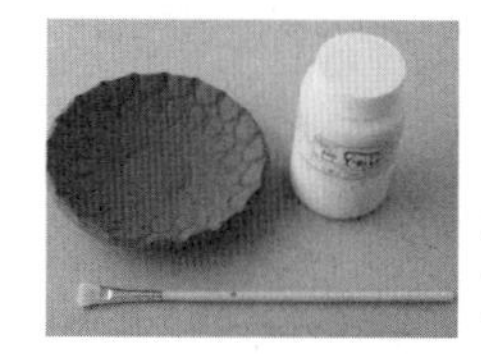

塑好形的黏土、化妆土（白色）、平头毛笔。也可以制作一些不同颜色的泥浆来代替化妆土（白色）。

要点

把花纹均匀地拓在黏土上

用模具进行压纹时，为了让模具上的花纹能够清晰的印在黏土上，要用双手的手掌覆盖在黏土上，均匀用力。注意不要让黏土和模具之间形成空隙。

发现不完美的乐趣

如果花纹印歪了，也不要太在意，这样更有手工制作的感觉。

不把化妆土涂在花纹的缝隙里

像[18]那样，不想把化妆土涂到花纹的缝隙里时，用平头毛笔轻轻地涂在表面上就可以了。

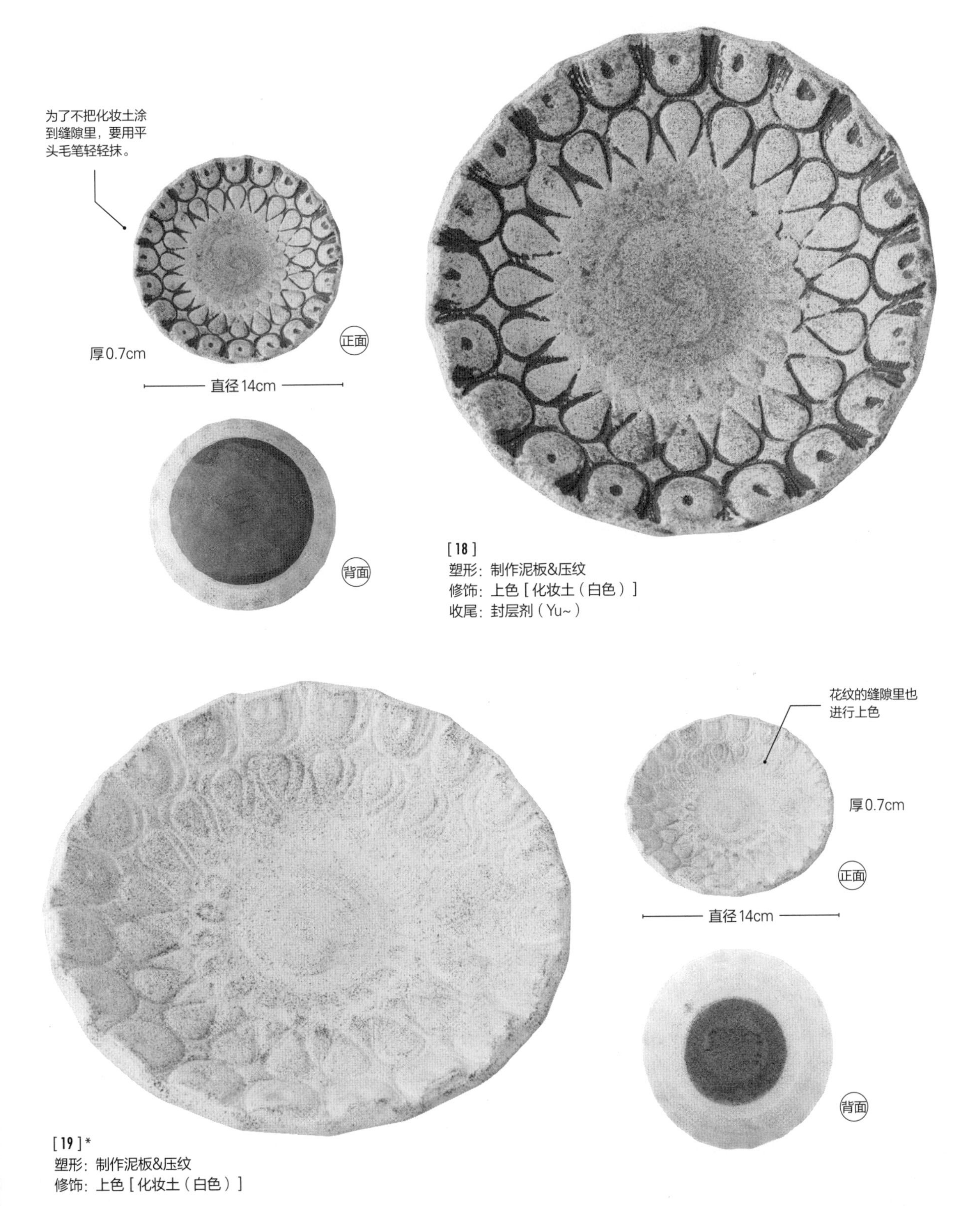

[18]
塑形：制作泥板&压纹
修饰：上色 [化妆土（白色）]
收尾：封层剂（Yu~）

[19] *
塑形：制作泥板&压纹
修饰：上色 [化妆土（白色）]

*为了让作品更有韵味，没有进行收尾处理。如果想用作餐具，需要涂上封层剂（Yu~），用100~120℃的烤箱烧制20分钟。

小碟子

mini plate

（作品：p.18~19）

■ **材料和工具**

黏　土：[20] 红陶
　　　　[21] 黑木节
　　　　[22] 手工用
　　　　[23] 黑木节
　　　　[24] 手工用
　　　　[25] 黑木节
　　　　[26] 黑木节
塑　形：黏土垫板
　　　　木板条
　　　　压泥棒
　　　　纸样（直径8.5cm的圆形）
　　　　细节针
　　　　海绵
　　　　水桶
修　饰：拓写纸
　　　　竹签
　　　　化妆土（白色）
　　　　泥浆（红陶）
　　　　封层剂（Yu~）
　　　　着色剂（蓝Yu~）
　　　　毛笔
　　　　修坯刀
收　尾：封层剂（Yu~）
　　　　着色剂（蓝Yu~）
　　　　毛笔

■ **制作方法**

*相关参照："制作泥板"（p.36）、"提起边缘"（p.36）、"刮除法"（p.37）

〈通用的制作方法〉

❶ 制作厚度为7mm的泥板（大小根据作品而定）后，将纸样放在上面，照着纸样切割黏土。
❷ 用手指提起黏土边缘，制作成盘子的形状。
❸ 用吸了水的海绵或沾了水的手指抚平作品表面。
❹ 放置1小时左右，让黏土中的水分蒸发。
❺ 将图案拓在拓写纸上。
❻ 将❺放在❹的上面，用竹签将图案描到黏土上。

〈20的制作方法〉

❼ 完成❶~❻后，用毛笔将化妆土（白色）涂在作品正面和边缘上。
❽ 放置30分钟左右晾干。
❾ 参照p.43的刮除法，用修坯刀或竹签雕刻图案周围的黏土。
❿ 放置5天左右，晾干黏土。
⓫ 用160~180℃的烤箱烧制30~40分钟。
⓬ 放凉之后，用毛笔上一层封层剂（Yu~），放置30分钟左右晾干。
⓭ 用100~120℃的烤箱烧制20分钟。

〈21的制作方法〉

❼ 完成❶~❻后，用毛笔将泥浆（红陶）涂在图案上。
❽ 放置5天左右，晾干黏土。
❾ 用160~180℃的烤箱烧制30~40分钟。

〈22的制作方法〉

❹ 完成❶~❸后，用毛笔将化妆土（白色）涂在黏土的表面上。
❺ 放置30分钟左右，待化妆土晾干后，用修坯刀徒手雕刻花朵的图案。
❻ 放置5天左右，晾干黏土。
❼ 用160~180℃的烤箱烧制30~40分钟。
❽ 放凉之后，用毛笔上一层封层剂（Yu~），放置30分钟左右晾干。
❾ 用100~120℃的烤箱烧制20分钟。

〈23的制作方法〉

❹ 完成❶~❸后，用化妆土（白色）绘制花朵的图案（徒手）。
❺ 放置5天左右，晾干黏土。
❻ 用160~180℃的烤箱烧制30~40分钟。
❼ 放凉之后，用毛笔上一层着色剂（蓝Yu~），放置30分钟左右晾干。
❽ 用100~120℃的烤箱烧制20分钟。

〈24的制作方法〉

❼ 完成❶~❻后，用修坯刀雕刻图案的线和周围的黏土。
❽ 放置5天左右，晾干黏土。
❾ 用160~180℃的烤箱烧制30~40分钟。
❿ 放凉之后，用毛笔厚厚地上一层着色剂（蓝Yu~），放置30分钟左右晾干。
⓫ 用100~120℃的烤箱烧制20分钟。

〈25的制作方法〉

❼ 完成❶~❻后，用毛笔蘸取化妆土（白色），涂在图案的周围。猫的身体则利用黏土本身的颜色。
❽ 放置5天左右，晾干黏土。
❾ 用160~180℃的烤箱烧制30~40分钟。

〈26的制作方法〉

❹ 完成❶~❸后，将化妆土（白色）涂于整体。
❺ 放置5天左右，晾干黏土。
❻ 用160~180℃的烤箱烧制30~40分钟。
❼ 放凉之后，用毛笔蘸取着色剂（蓝Yu~），绘制花朵的图案（徒手）。
❽ 放置30分钟左右晾干，然后用100~120℃的烤箱烧制20分钟。
❾ 上一层封层剂（Yu~），放置30分钟左右后，用100~120℃的烤箱烧制20分钟。

尺寸相同

直径8cm

厚0.6cm
边缘翘起1.5cm

[20]
塑形：制作泥板&提起边缘
修饰：刮除法
收尾：封层剂（Yu~）

[21] *
塑形：制作泥板&提起边缘
修饰：绘制花纹（泥浆）

[22]
塑形：制作泥板&提起边缘
修饰：雕刻
收尾：封层剂（Yu~）

[23]
塑形：制作泥板&提起边缘
修饰：绘制图案［化妆土（白色）］
收尾：着色剂（蓝Yu~）

[24]
塑形：制作泥板&提起边缘
修饰：浮雕
收尾：着色剂（蓝Yu~）

[25] *
塑形：制作泥板&提起边缘
修饰：上色［化妆土（白色）］

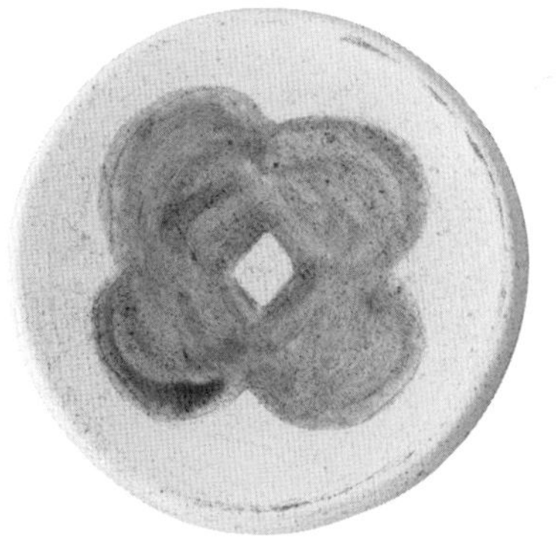

[26]
塑形：制作泥板&提起边缘
修饰：绘制图案［着色剂（蓝Yu~）］

*为了让作品更有韵味，没有进行收尾处理。如果想用作餐具，需要涂上封层剂（Yu~），用100~120℃的烤箱烧制20分钟。

27~28

带盖储物罐

candy pot

（作品：p.20~21）

■ 材料和工具

黏　土：[27]黑木节
　　　　[28]手工用
塑　形：黏土垫板
　　　　木板条
　　　　压泥棒
　　　　细节针
　　　　纸样
　　　　（27 筒：宽7cm×长23cm的长方形
　　　　　盖子：直径5.4cm的圆形）
　　　　（28 筒：宽5cm×长16cm的长方形
　　　　　盖子：直径8cm的圆形）
　　　　用作模具的筒状物品
　　　　（防水材质）
　　　　修坯刀
　　　　毛笔
　　　　泥浆（与黏土相同种类）
　　　　竹签
　　　　黏土抹刀
　　　　海绵
　　　　水桶
修　饰：毛笔
　　　　化妆土（白色）
　　　　丙烯颜料
　　　　竹签

用作模具的瓶子示例。根据模具的底部周长来决定长方形纸样的长和宽。高度取决于想做什么样的作品。

■ 制作方法

*相关参照："制作泥板"（p.36）、"制作筒状"（p.38）

〈27 的制作方法〉

⓫ 参照p.38 的"制作筒状"完成右页①~⑩后，将黏土拉成细的圆柱形，并切成喜欢的长度，用作盖子上的把手。

⓬ 用竹签在盖子的中间划出口子，然后用毛笔将泥浆涂在口子上。

⓭ 把⓫制作的把手放到涂了泥浆的部分，用手指抚平连接处的黏土，让把手和盖子有一体感。

⓮ 放置5~7天，晾干黏土。

⓯ 把罐子和盖子放入160~180℃的烤箱，烧制30~40分钟。

⓰ 放凉之后，用丙烯颜料在罐子上绘制花纹，并给把手上色。

〈28 的制作方法〉

⓫ 参照p.38 的"制作筒状"完成右页①~⑩后，参照右页"小鸟的制作方法"，制作小鸟的身体和翅膀，用作把手。

⓬ 用竹签在小鸟身体侧面划出口子，涂上泥浆，将翅膀粘在上面。

⓭ 利用竹签背面，绘制小鸟尾巴上的花纹。

⓮ 再用竹签绘制小鸟的翅膀、眼睛、鸟喙的花纹，然后放置30 分钟左右，晾干黏土。

⓯ 用竹签在盖子的中间划出口子，再涂上泥浆，然后将⓮的小鸟把手粘在上面。

⓰ 在罐子上边三分之一处，用竹签绘制花纹。

⓱ 在表面上轻轻地涂一层化妆土（白色），注意不要涂到雕刻的纹路里。

⓲ 放置5~7 天，晾干黏土。

⓳ 把罐子和盖子放入160~180℃的烤箱，烧制30~40分钟。

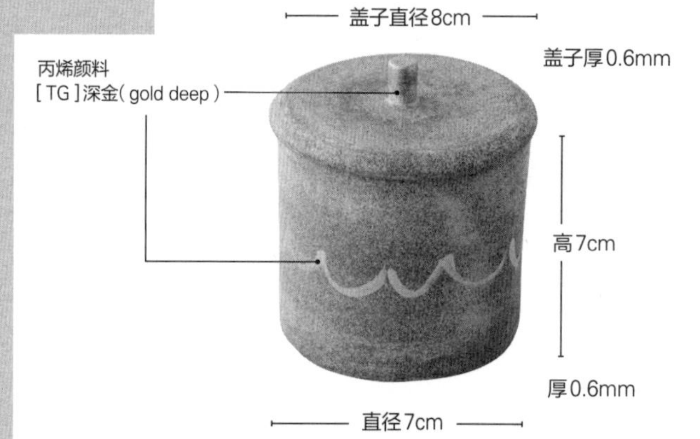

[27]
塑形：制作泥板&制作筒状
修饰：绘制图案&上色（丙烯颜料）

[28]
塑形：制作泥板&制作筒状
修饰：上色[化妆土（白色）]

盖子的制作方法

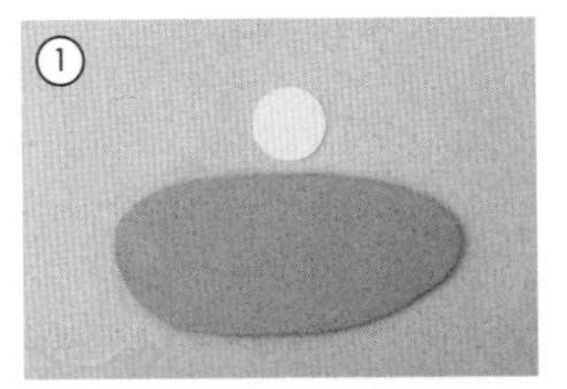

做好罐子的部分之后就要制作盖子了。准备泥板、比罐子的直径略大一点的纸样，按照纸样，用细节针切割黏土。

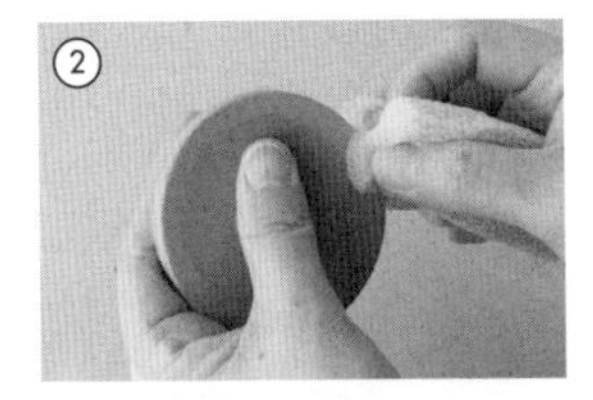

用海绵或手指将边缘弄圆滑，然后将整体抚平。

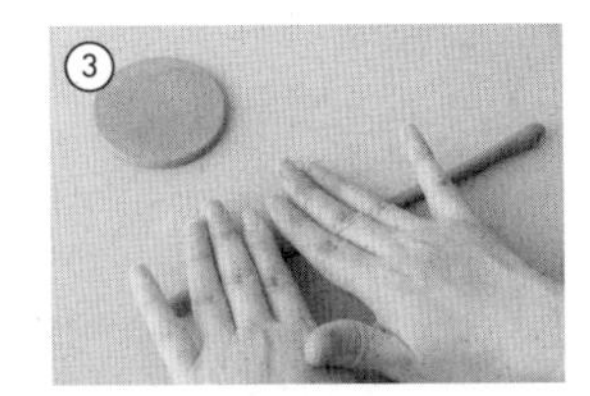

用指尖滚动黏土，制作用来防滑的绳状黏土。小罐子做细一点，大罐子做粗一点。

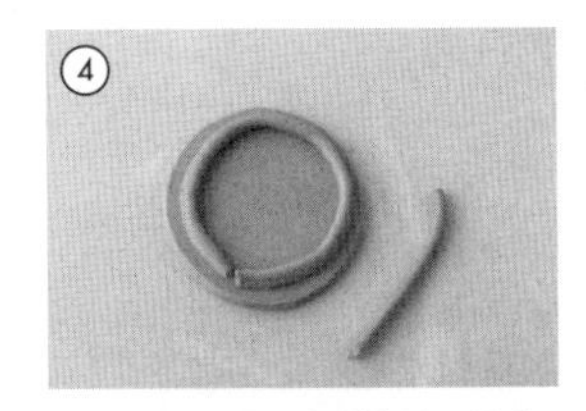

找到刚好可以放进罐子里的位置，将③制作的黏土绕在盖子上。多余的黏土揪掉即可。

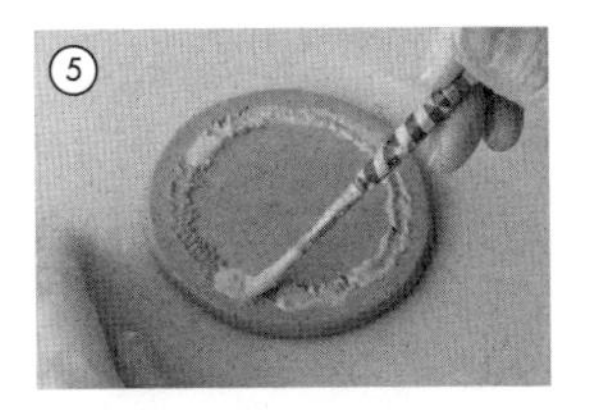

在放置绳状黏土的位置用竹签划出口子，再用毛笔将泥浆涂在上面。

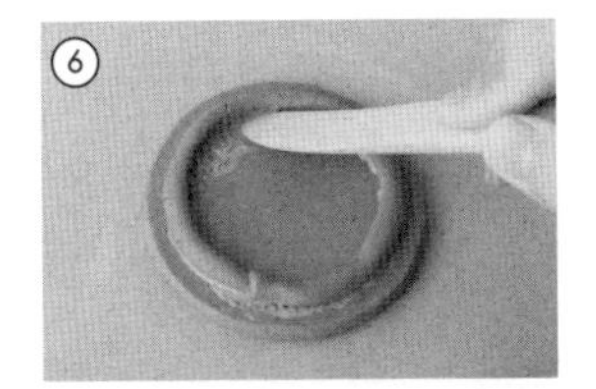

用黏土抹刀将绳状黏土的内侧与盖子抹在一起。外侧也进行同样的操作。

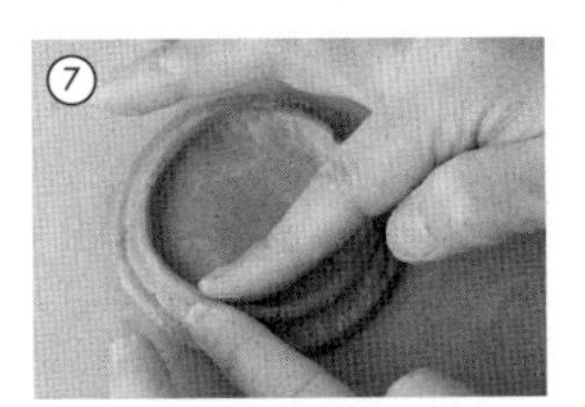

用手指抚平连接处，让它们看上去像是一体的。

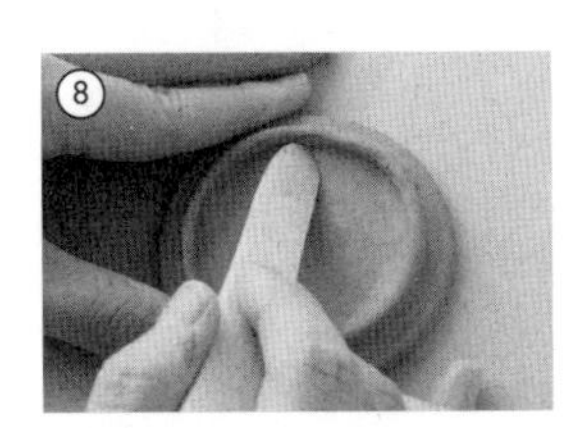

利用黏土抹刀将防滑部分调整整齐。

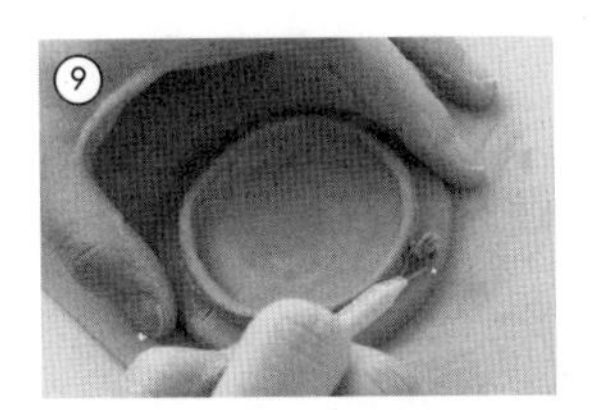

用修坯刀削平防滑部分的外侧黏土。然后用手指抚平削掉黏土的部分。

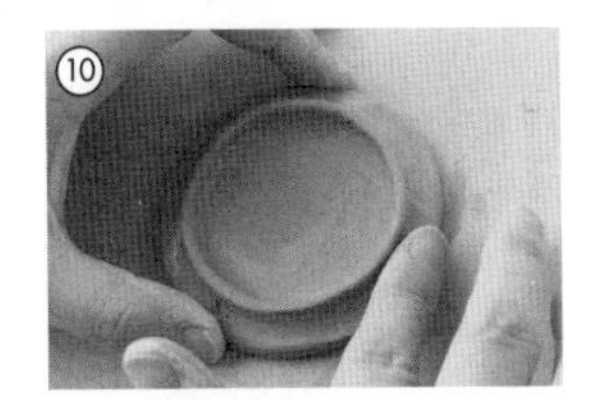

将盖子放到罐子上试一试防滑部分是否合适。如果太紧或太松，就调整防滑部分的位置。

小鸟的制作方法

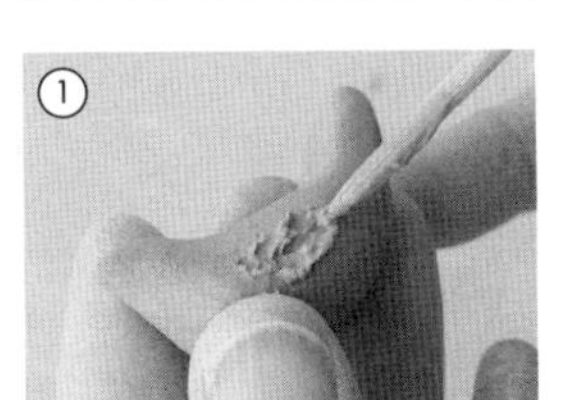

分别制作小鸟的身体和翅膀。在身体连接翅膀的位置划出口子，涂上泥浆。

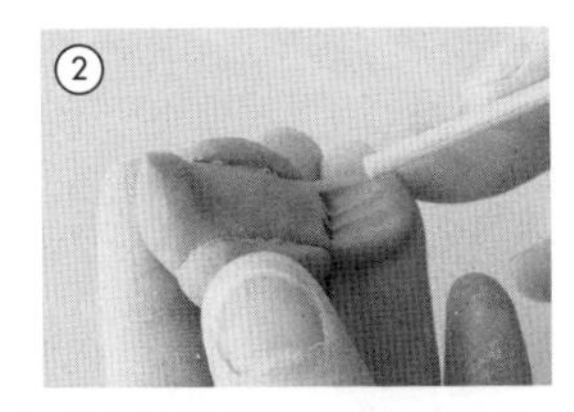

固定好翅膀后，用竹签背面按压鸟尾，制作羽毛的纹理。然后在盖子中央划出口子，涂抹泥浆，固定小鸟。

胸针

brooch

（作品：p.22~23）

■ 材料和工具

塑　形：黏土：颜色请参考图案部分
黏土垫板
木板条
压泥棒
细节针
纸样
修坯刀
毛笔
竹签
黏土抹刀
海绵
水桶

修　饰：竹签
刮勺
木质晾衣夹
牙签

收　尾：毛笔
丙烯颜料：具体颜色请参考图案
纸质调色盘
水溶性上光油（透明、有色）
胸针用别针

■ 制作方法

＊相关参照："制作泥板"（p.36）、"胸针、壁饰"（p.39）

〈基本的制作方法〉

❶ 制作厚度为8mm的泥板。
❷ 将纸样放在泥板上，用细节针切割黏土。
❸ 用吸了水的海绵或沾了水的手指将黏土的边缘和表面抚平，调整整齐。
❹ 利用工具进行修饰。
❺ 放置5~7天，晾干黏土。
❻ 用160~180℃的烤箱，烧制30~40分钟。
❼ 放凉之后，用丙烯颜料上色。
❽ 待丙烯颜料晾干后，固定胸针用别针。

实物大小的图案、对应材料及工具

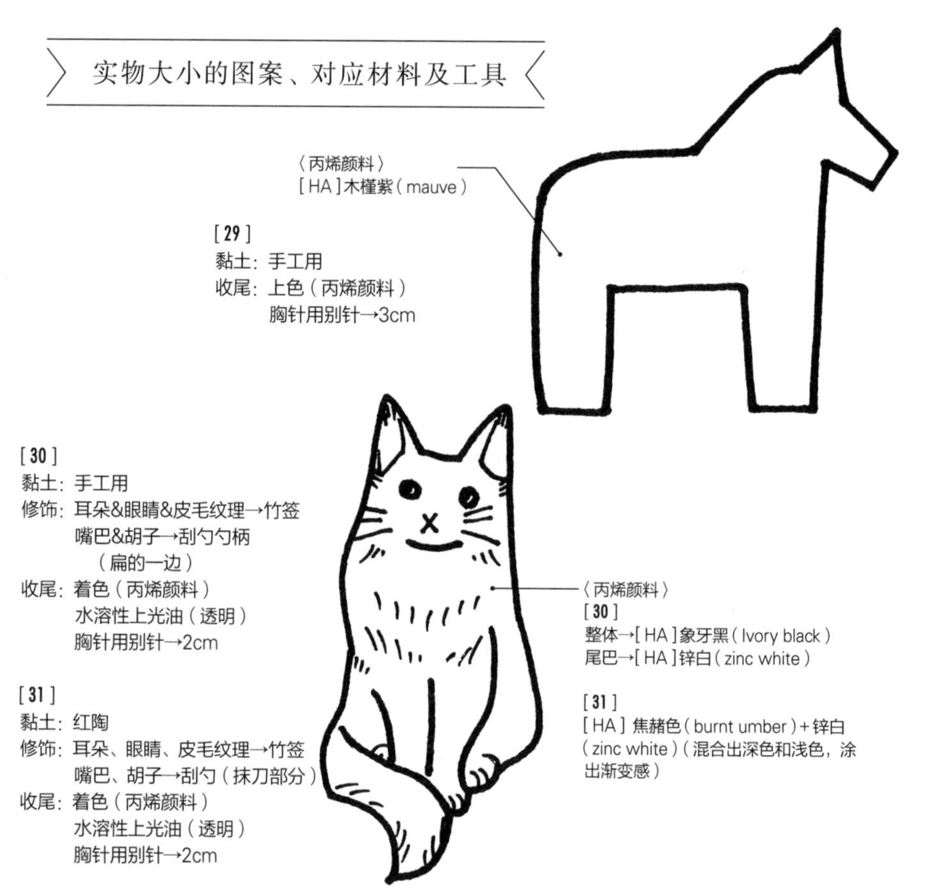

[32]
黏土：红陶
收尾：着色（丙烯颜料）
水溶性上光油（棕色）
胸针用别针→2cm

[33]
黏土：红陶
修饰：竹签
收尾：着色（丙烯颜料）
胸针用别针→2cm

[34]
黏土：手工用
修饰：竹签
收尾：着色（丙烯颜料）
胸针用别针→2cm

[35]
黏土：红陶
修饰：竹签
收尾：着色（丙烯颜料）
胸针用别针→2cm

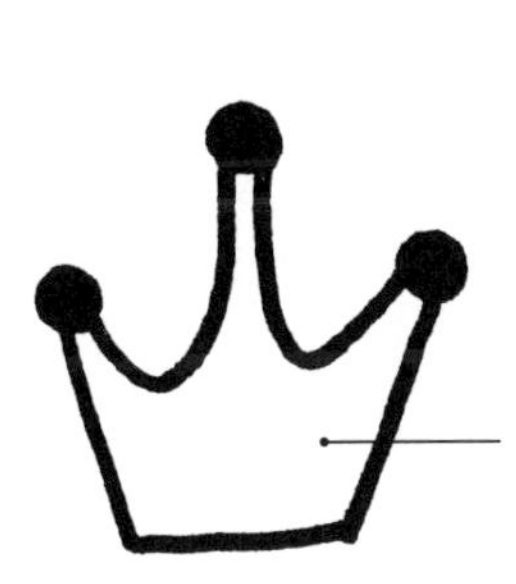

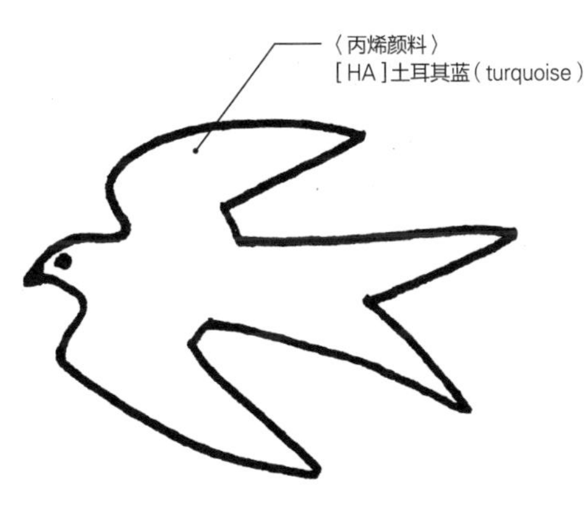

[36]
黏土：红陶
收尾：着色（丙烯颜料）
胸针用别针→1cm

[37]
黏土：红陶
修饰：鸟喙→木质晾衣夹
眼睛→牙签
收尾：着色（丙烯颜料）
胸针用别针→3cm

※[38]~[46]的图案在 p.77、78

茶杯&茶碗

tea cup

（作品：p.24~25）

■ 材料和工具

黏　土：[47] 黑木节
　　　　[48] 黑木节
　　　　[49] 红陶
　　　　[50] 手工用

塑　形：转盘
　　　　木质勺子
　　　　软刀片
　　　　风筝线
　　　　修坯刀
　　　　竹签
　　　　泥浆（与作品所用黏土同一种类）
　　　　海绵
　　　　毛笔
　　　　水桶

修　饰：化妆土（白色）
　　　　修坯刀

收　尾：封层剂（Yu~）
　　　　毛笔
　　　　丙烯颜料
　　　　纸质调色盘
　　　　水溶性上光油

■ 制作方法

＊相关参照："制作球体"（p.40）、"刮除法"（p.43）

〈47、48的制作方法〉

❶ 在塑好形的容器上，用毛笔将化妆土（白色）涂在整体上。**47**要涂厚一点，**48**要涂薄一点。
❷ 放置8天左右，晾干黏土。
❸ 用160~180℃的烤箱，烧制40分钟。
❹ 放凉之后，用毛笔上一层封层剂（Yu~），放置30分钟晾干。
❺ 用100~120℃的烤箱，烧制20分钟。

〈49的制作方法〉

❶ 塑好形后，将容器的内部下边三分之二处的黏土表面用修坯刀削掉。
❷ 在绘制花纹的部分涂上化妆土（白色）。
❸ 放置8天左右，晾干黏土。
❹ 用160~180℃的烤箱，烧制40分钟。
❺ 放凉之后，用丙烯颜料绘制图案。画好花瓣和花蕊后充分晾干。
❻ 在❺绘制的图案上薄涂一层[HG]灰绿色(ash green)。这样，黄色的花朵会略偏绿色。
❼ 待丙烯颜料晾干后，上一层水溶性上光油。

〈50的制作方法〉

❶ 将碗壁做得厚一点，用毛笔将化妆土（白色）涂在整体上（底座部分不涂）。
❷ 放置1小时左右晾干，用修坯刀削掉碗外壁的黏土，做出竖条纹。
❸ 放置8天左右，晾干黏土。
❹ 用160~180℃的烤箱，烧制40分钟。
❺ 放凉之后，用毛笔上一层封层剂（Yu~），放置30分钟晾干。
❻ 用100~120℃的烤箱，烧制20分钟。

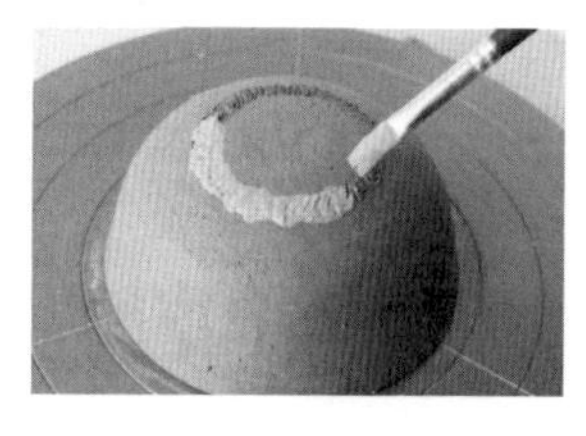

后接底座时

另外制作底座，再粘到碗上时，要先在连接底座的位置用竹签划出口子，涂上泥浆，再固定底座。

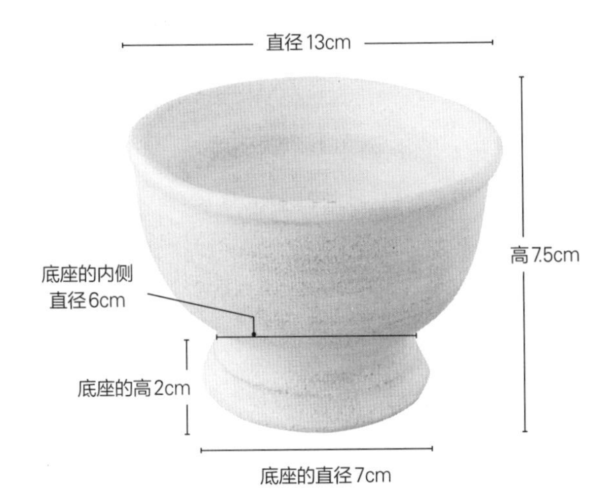

[47]
塑形：制作球体
修饰：上色［化妆土（白色）］
收尾：封层剂（Yu~）

直径13cm
高8.5cm
底座的内侧
直径4cm
底座的高2.5cm
底座的直径5cm

[48]
塑形：制作球体
修饰：上色［化妆土（白色）］
收尾：封层剂（Yu~）

塑形时，用修坯刀削掉下面三分之二处的黏土表面，制作花纹。

〈丙烯颜料〉
花瓣→［HA］柠檬黄（lemon）
花蕊→［TG］复古金（antique gold）
在花上再薄涂一层→[HG]灰绿色（ash green）

[49]
塑形：制作球形
修饰：上色［化妆土（白色）］
收尾：绘制图案、上色（丙烯颜料）、水溶性上光油（透明）

※不用作餐具

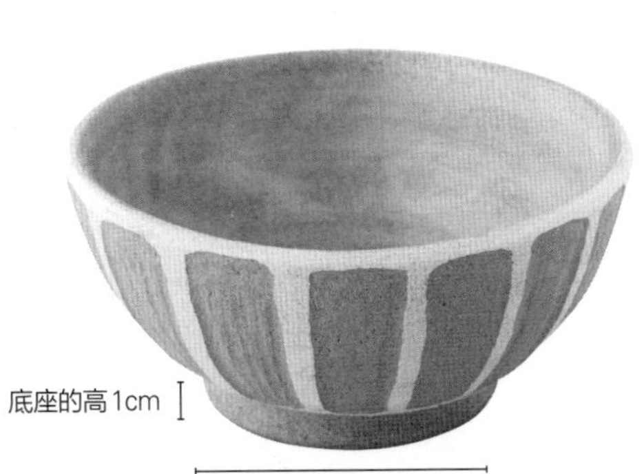

[50]
塑形：制作球形
修饰：上色［化妆土（白色）&刮除法］
收尾：封层剂（Yu~）

51～56

墙壁挂饰

decoration

（作品：p.26~27）

■ 材料和工具

黏　土：请参照图案
塑　形：黏土垫板
木板条
压泥棒
纸样
细节针
竹签
修坯刀
毛笔
海绵
水桶
修　饰：刮勺
塑料勺子
竹签
陶艺用打孔器或吸管
化妆土（白色）
毛笔
修坯刀
泥浆（与作品所用黏土同一种类）
布
印章（圆形）
木质晾衣夹
收　尾：毛笔
丙烯颜料
用来挂在墙上的绳子、金属配件等

■ 制作方法

*相关参照："制作泥板"（p.36）、"墙壁挂饰上挂绳的处理方法"（p.39）、"安装金属配件或绳子"（p.47）

〈**基本的制作方法**〉

1. 制作厚度为10mm的泥板。
2. 将纸样放在泥板上，用细节针切割黏土。
3. 用吸了水的海绵或沾了水的手指将黏土的边缘和表面抚平，调整整齐。
4. 利用工具进行修饰。
5. 放置5~7天，晾干黏土。
6. 用160~180℃的烤箱，烧制30~40分钟。
7. 放凉之后，用丙烯颜料上色。
8. 待丙烯颜料晾干后，固定绳子或金属配件。

实物大小的图案、对应材料及工具

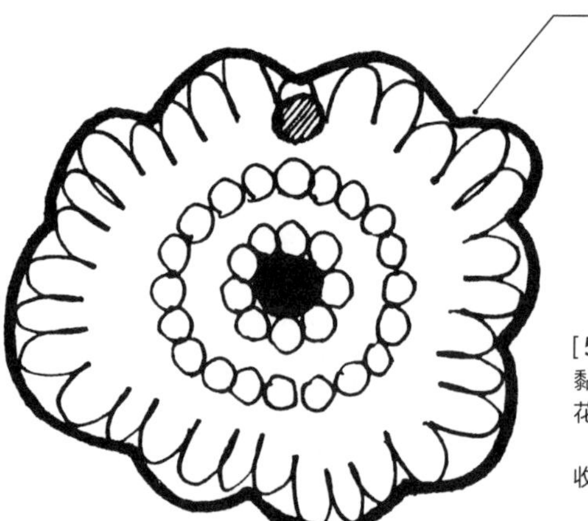

<丙烯颜料>
花瓣→[HA]宝石红（rubin）
花蕊→[HA]焦赭色（burnt umber）
（为了不让颜料涂进花瓣的纹路里，着色时用毛笔轻轻地涂在表面）

[51]
黏土：手工用
花纹：花瓣→外侧用塑料勺的手柄、内侧用圆形的印章
收尾：着色（丙烯颜料）

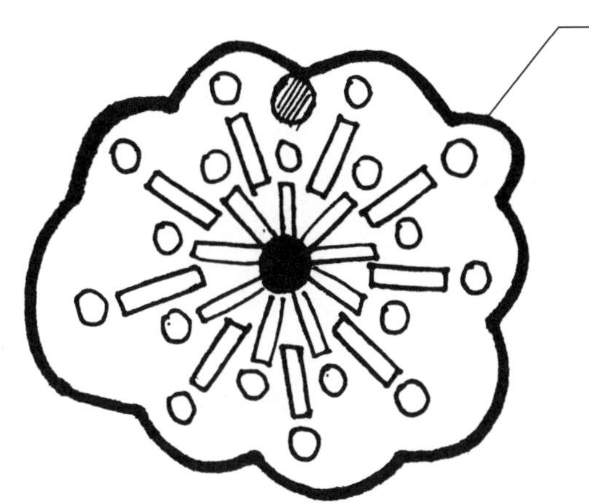

<丙烯颜料>
花瓣→[HA]柠檬黄
（lemon）
花蕊→[HA]焦赭色（burnt umber）
（上完色后，用布擦拭整体，制作出复古感）

[52]
黏土：红陶
花纹：花瓣→木质晾衣夹&圆形的印章
收尾：上色（丙烯颜料）

<丙烯颜料>
花瓣→[TG]深金（gold deep）
花蕊→[HA]象牙黑（Ivory black）

[55]
黏土：红陶
花纹：花瓣→刮勺（勺子部分）
花蕊→刮勺（抹刀部分）
收尾：上色（丙烯颜料）

[53]
黏土：手工用
花纹：竹签
收尾：上色（丙烯颜料）

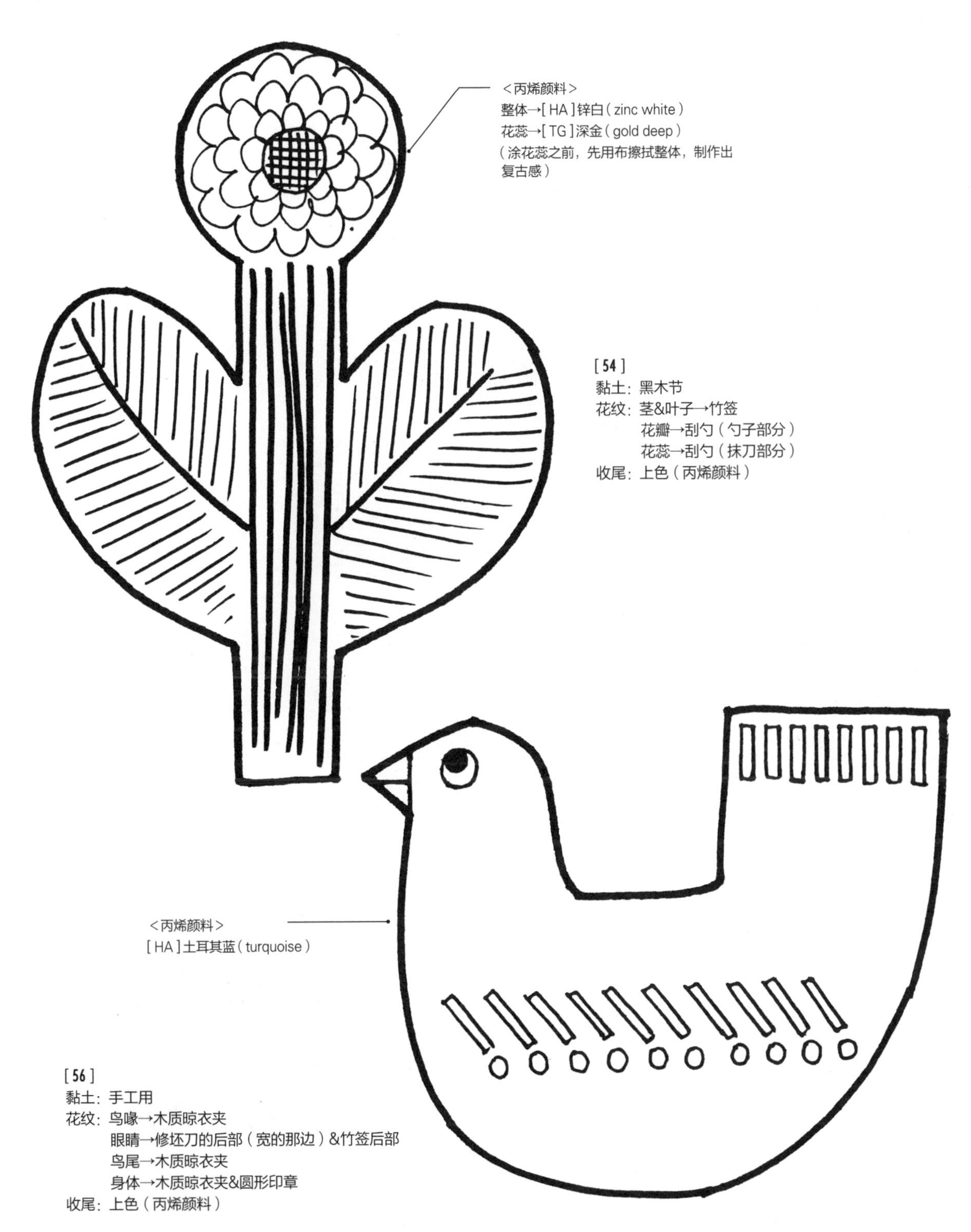
<丙烯颜料>
整体→[HA]锌白（zinc white）
花蕊→[TG]深金（gold deep）
（涂花蕊之前，先用布擦拭整体，制作出复古感）
[54]
黏土：黑木节
花纹：茎&叶子→竹签
花瓣→刮勺（勺子部分）
花蕊→刮勺（抹刀部分）
收尾：上色（丙烯颜料）
<丙烯颜料>
[HA]土耳其蓝（turquoise）
[56]
黏土：手工用
花纹：鸟喙→木质晾衣夹
眼睛→修坯刀的后部（宽的那边）&竹签后部
鸟尾→木质晾衣夹
身体→木质晾衣夹&圆形印章
收尾：上色（丙烯颜料）

盘子（01~05）实物大小的图案

作品 p.6~7 / 制作方法 p.50~51

[03]
[04]
[05]

小碟子（20,21,24,25）实物大小的图案

作品 p.18 / 制作方法 p.62

胸针（38~46）实物大小的图案、材料和工具

作品 p.22~23 / 制作方法 p.66~67

<丙烯颜料>
[40]
整体→[HG]灰绿色（ash green）
球→[TG]复古金（antique gold）

[45]（将图案反过来使用）
整体→[HA]锌白（zinc white）
球→[TG]浅金（gold light）

<丙烯颜料>
整体→[TG]银色（silver）
花蕊→[HA]柠檬黄（lemon）

[40]
黏土：黑木节
修饰：茎&叶子→竹签
花瓣→木质晾衣夹
花萼→刮勺（勺子部分）
收尾：上色（丙烯颜料）
水溶性上光油（棕色）
胸针用别针→3.5cm

[45]
黏土：黑木节
修饰：茎&叶子→竹签
花瓣→木质晾衣夹
花萼→刮勺（勺子部分）
收尾：上色（丙烯颜料）
水溶性上光油（棕色）
胸针用别针→3.5cm

[41]
黏土：黑木节
修饰：茎&叶子→竹签
花瓣→木质晾衣夹
花蕊→刮勺（抹刀部分）
收尾：着色（丙烯颜料）
胸针用别针→3.5cm

<丙烯颜料>
[38]
整体→[HG]灰玫瑰色（ash rose）
水玉→[TG]深金（gold deep）

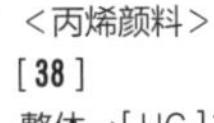

[38]
黏土：黑木节
修饰：耳朵&指甲→竹签
眼睛→牙签
鼻子&胡子→刮勺（抹刀部分）
收尾：上色（丙烯颜料）
胸针用别针→2.5cm

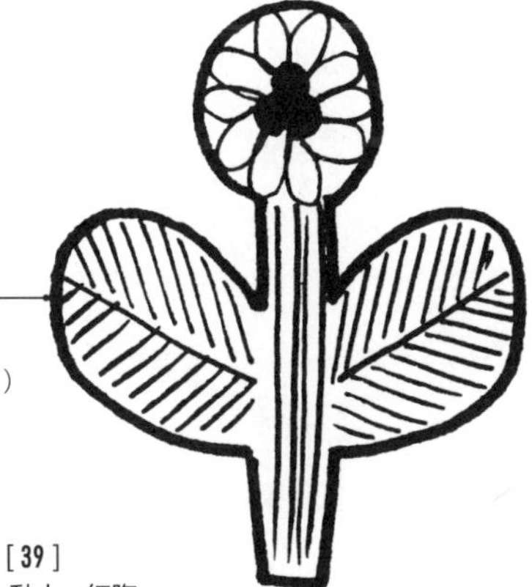

<丙烯颜料>
茎&叶子→[TG]深绿（deep green）
花瓣→[HG]浅亮红（light red bright）
花蕊→[TG]深金（gold deep）

[39]
黏土：红陶
修饰：茎&叶子→竹签
花瓣→刮勺（勺子部分）
收尾：上色（丙烯颜料）
胸针用别针→3.5cm

<丙烯颜料>
整体→[TG]复古金（antique gold）
花蕊→[HA]焦赭色（burnt umber）

[42]
黏土：红陶
修饰：茎&叶子→竹签
花瓣→木质晾衣夹
收尾：上色（丙烯颜料）
胸针用别针→3.5cm

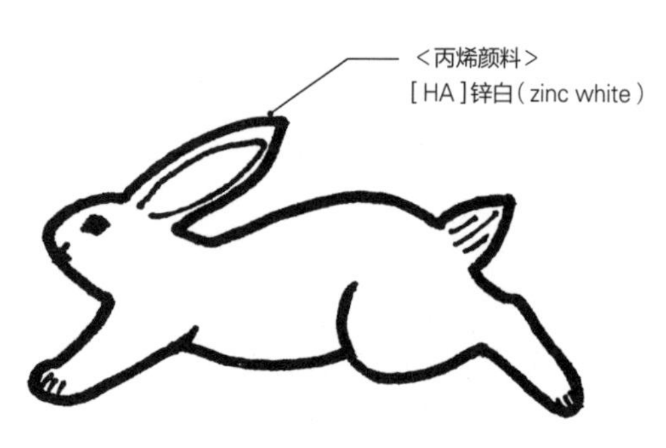

<丙烯颜料>
[HA]锌白（zinc white）

[43]
黏土：黑木节
修饰：耳朵→塑料勺子
眼睛→牙签
鼻子→刮勺（抹刀部分）
指甲&尾巴→竹签
收尾：上色（丙烯颜料）
水溶性上光油（棕色）
胸针用别针→3cm

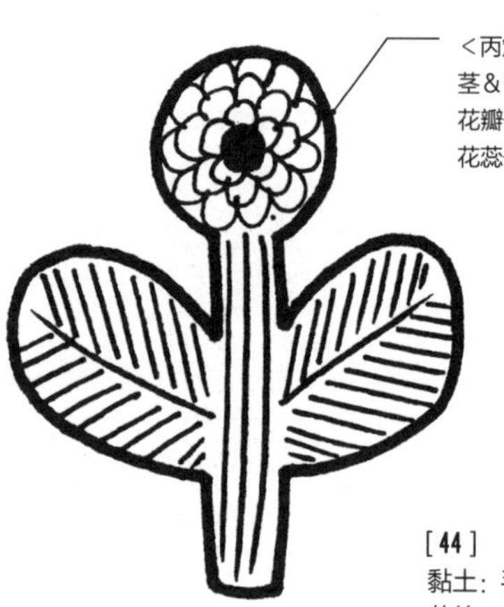

<丙烯颜料>
茎&叶子→[TG]苔色（yellow green）
花瓣→[HA]土耳其蓝（turquoise）
花蕊→[TG]浅金（gold light）

[44]
黏土：手工用
花纹：茎&叶子→竹签
花瓣→刮勺（勺子部分）
收尾：上色（丙烯颜料）
胸针用别针→3.5cm

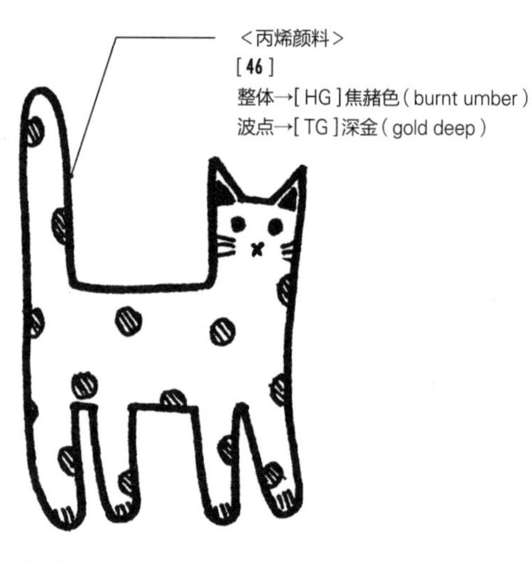

<丙烯颜料>
[46]
整体→[HG]焦赭色（burnt umber）
波点→[TG]深金（gold deep）

[46]
黏土：黑木节
修饰：耳朵&指甲→竹签
眼睛→牙签
鼻子&胡子→刮勺（抹刀部分）
收尾：上色（丙烯颜料）
胸针用别针→2.5cm

附加图案

把这些用作壁饰或盘子的图案吧

※可以将图案扩大至200％，用作盘子的图案

岩仓庆子

アトリエアンテナ
atelier antenna

美术作家岩仓庆子，1977年生于日本福冈市，现居于大分县。高中就读于日本九州产业大学附属九州高等学校的设计科。后来就读于大分县立艺术文化短期大学，后攻读同校美术专业雕刻科。从学校毕业后，做了一段时间公司职员，然后于2005年创立制作陶器杂货和插图的公司atelier antenna，旨在创作能给生活添加乐趣的作品。

著有《用烤箱制作的陶器风胸针&首饰》（《オーブンで焼いてつくる陶器風ブローチ&アクセサリー》尚无中文版）。

日文版发行人　大沼淳
摄影　［封面、p.4~29］马场若菜
　　　［p.30~68］北原千惠美
图书设计　池田香奈子（STUDIO DUNK）
描图　池边智美
制作方法说明　塚本佳子（studio FIKA）
日文版校对　mine工坊
日文版编辑　加藤风花（STUDIO PORTO）
　　　　　　大泽洋子（文化出版局）

原文书名：オーブンで焼いてつくる陶器風の雑貨たち
原作者名：イワクラ ケイコ
OVEN DE YAITE TSUKURU TOUKIFU NO ZAKKA TACHI by Keiko Iwakura

Original Japanese edition published by EDUCATIONAL FOUNDATION BUNKA GAKUEN BUNKA PUBLISHING BUREAU

著作权合同登记号：图字：01-2019-7591

图书在版编目（CIP）数据

手造食器：用烤箱制作的黏土小物件／（日）岩仓庆子著；马浩然译．-- 北京：中国纺织出版社有限公司，2020.6
ISBN 978-7-5180-7228-6

Ⅰ．①手… Ⅱ．①岩… ②马… Ⅲ．①粘土－手工艺品－制作 Ⅳ．①TS973.5

中国版本图书馆CIP数据核字（2020）第041902号

策划编辑：刘　茸　　责任校对：王蕙莹
责任印制：储志伟　　责任设计：培捷文化

中国纺织出版社有限公司出版发行
地址：北京市朝阳区百子湾东里A407号楼　邮政编码：100124
销售电话：010—67004422　传真：010—87155801
http://www.c-textilep.com
中国纺织出版社天猫旗舰店
官方微博http://weibo.com/2119887771
北京华联印刷有限公司印刷　各地新华书店经销
2020年6月第1版第1次印刷
开本：889×1194　1/20　印张：4
字数：80千字　定价：49.80元